Jens Foell

Fakten sind auch nur Meinungen

Wie wir wissenschaftlich zwischen Wahrheit und Wahrnehmung unterscheiden

DROEMER

Besuchen Sie uns im Internet:
www.droemer-knaur.de

MIX
Papier | Fördert gute Waldnutzung
FSC® C014496

Originalausgabe Oktober 2024

Ein Imprint der Verlagsgruppe
Droemer Knaur GmbH & Co. KG, München

Redaktion: Dr. Jan Strümpel
Covergestaltung: Büro Jorge Schmidt
Satz und Layout: Sandra Hacke, Dachau
Druck und Bindung: GGP Media GmbH, Pößneck
ISBN 978-3-426-29390-4

5 4 3 2 1

Für meine Kinder

I will love you always, and that's a fact

Inhalt

Vorwort

> **»Wer niemals seine Meinung ändert, ist wie ein stehendes Gewässer, er brütet geistige Reptilien aus.«**
> ***William Blake, The Marriage of Heaven and Hell***

»Red keinen Scheiß, Jens. Fakten sind keine Meinungen. Du hast doch 'nen Kolbenfresser im Hirn.«

Das kam von meinem alten Freund Freddy, der eigentlich Frederik heißt. Er besteht darauf, dass »Frederik« der beste aller Vornamen sei, weil er fünf andere Vornamen enthält. (Ich bin nicht ganz sicher, ob das wirklich stimmt.) Freddy hat seine kritischen Anmerkungen noch nie lange zurückhalten können. Und so auch heute nicht.

»Alter, du bist doch Wissenschaftler! Und jetzt sitzt du hier und klingst wie einer von der AfD.«

Wir saßen in einem Thai-Restaurant, in dem wir uns über alte Zeiten austauschten, bis ich eben den Titel meines geplanten neuen Buchs erwähnte. Für mich klang er wie eine ganz tolle Idee. Ich wollte auf keinen Fall, dass er zu stark polarisiert, denn damit ist niemandem geholfen. Aber ich kam auch auf keinen Titel, der allen gefällt. Die Lösung war ganz leicht logisch abzuleiten: Ich brauchte einen Titel, den alle gleichermaßen nicht leiden können. Und so war »Fakten sind auch nur Meinungen« geboren. Denn selbst die, die auf Wissenschaftlichkeit pfeifen, schreiben sich auf ihre Fahnen, nur an Fakten interessiert zu sein und ohne Ideologie zu handeln. Daher können die sich genauso über den Titel aufregen wie Menschen aus der Wissenschafts-Community. Wenn ich schon nicht alle glücklich machen kann, dann zumindest alle gleichermaßen unglücklich.

Dabei kennen wir doch die Unterschiede zwischen Fakten und Meinungen: Fakten lassen sich objektiv nachweisen; sie anzuzweifeln ist im besten Fall Zeitverschwendung, im schlimmsten Fall eine gezielte Strategie zur Verunsicherung. Und dann gibt es Meinungen, die zwar auf Fakten basieren können, aber nicht selbst nachprüfbaren Kriterien der Objektivität unterliegen. Meinungen kann man infrage stellen, aber man muss sie den Leuten auch einfach lassen, wodurch meist unsinnig wird, sie anzugreifen. Fakten und Meinungen haben also zumindest schon mal gemeinsam, dass es keinen Sinn hat, über ihre Richtigkeit zu streiten.

Der Unterschied zwischen Fakten und Meinungen ist der Unterschied zwischen »Die Temperatur in diesem Raum beträgt 23 Grad Celsius« und »Heute ist T-Shirt-Wetter«. Temperatur messen ist Wissenschaft, eine persönliche Ansicht über angemessene Kleidung ist es nicht. So weit alles klar. Deswegen heißt es auch so schön: Jeder hat das Recht auf eine eigene Meinung, aber nicht auf eigene Fakten.

Nur ist es damit eben nicht ganz so einfach. Wie wir im Verlauf dieses Buchs sehen werden, ist die Grenze zwischen Fakten, Meinungen und Interpretationen oft schwer zu ziehen, und das ist ein Kernelement unserer Psychologie, unserer Naturwissenschaft und unserer Welt.

»Gut, ja, in der Psychologie ist das vielleicht schon so«, meinte Freddy, »aber zum Beispiel in der Physik ja wohl nicht. Ein Atom ist ein Atom, und ein Planet ist ein Planet. Das ist so, ohne Meinung und ohne Ideologie.«

Ich weiß nicht, wieso Freddy ausgerechnet auf Planeten gekommen ist, weil in der Physik dazu sehr wohl unterschiedliche Meinungen herrschen. Denn wenn ein Planet einfach ein Planet ist, dann hätte man den Status von Pluto als Zwergplanet ja wohl kaum über eine Wahl festlegen können. Und auch bei kleinen Teilchen sind die Grenzen zwischen Meinungen und Fakten nicht immer so klar, wie Freddy das vielleicht denkt. Auch die Existenz des Atoms war zunächst mal eine Meinung, bevor sie ein Fakt wurde. Daher antwortete ich: »*Gerade* in der Physik ist das auch so«, wenngleich der Satz nicht so richtig treffend war. Aber ich stehe hinter dem, was ich in dem Moment damit sagen wollte: Ganz unabhängig von der wissenschaftlichen Disziplin haben wir Missverständnisse über die Grenze zwischen Fakten und Meinungen. Wenn wir die aus der Welt räumen wollen, müssen wir uns genauer darüber unterhalten, wo Fakten enden und Meinungen beginnen und an welchen Stellen sie auch in der Naturwissenschaft nicht mehr voneinander zu unterscheiden sind.

Generell hatte Freddy ja nicht unrecht damit, seinen Ärger über die Vermischung von Fakten und Meinungen vor allem an der AfD festzumachen. Die bewusste Aufweichung des Unterschieds beider Konzepte ist sozusagen die Allzweckfernbedienung im Wohnzimmer der Populisten. Das muss man mir nicht erzählen: Ich habe in den USA gelebt, während der Trumpismus aufkeimte und erblühte, ausgerechnet in Florida, wo diese Bewegung mit einem besonders ausgeprägten Rechtsruck einherging. Ich wohnte in der Hauptstadt Tallahassee, und das State Capitol, also das Zentrum der Macht des drittbevölkerungsreichsten Staates der USA, lag auf meinem Weg zur Arbeit. Nicht selten sah ich morgens den einen oder anderen Reporter, der das Gebäude als passenden Hintergrund verwendete, nachdem Trump mal wieder irgendetwas Empörendes vom Stapel gelassen hatte, das sich nicht mit der Wirklichkeit – also mit den Fakten – vereinbaren ließ, wie zum Beispiel, dass Covid-19 innerhalb kürzester Zeit von allein wieder verschwinden würde.

Trumps Ideen zur Realitätsverdrehung kamen dabei nicht aus einem Vakuum, es gab sie alle schon vorher, aber manche explodierten förmlich in dieser Zeit. So wie das Konzept der »Fake News«, mit dem unbequeme Fakten zu bestreitbaren und angreifbaren Meinungen herabgesetzt werden sollen. Fakten für »fake« zu erklären, nahm zu der Zeit ein solches Ausmaß an, dass Trump selbst mehrfach behauptete, dieses Konzept erfunden zu haben. »Die Medien sind wirklich, das Wort, einer der besten aller Begriffe, die ich erfunden habe, ist ›fake‹. Vielleicht haben ihn andere Leute über die Jahre hinweg benutzt, aber ich habe es vorher nie wahrgenommen.« Abseits des Populismus wurde der Begriff aber auch auf wahrhaftige Art benutzt, um die Flut an Fehlinformation zu benennen, die sich während des Wahlkampfs 2016 im Internet fand.

Das Anzweifeln bestätigter Fakten schreiben sich vor allem Populisten und Demokratiefeinde auf die Fahne, gar keine Frage. Zum Teil liegt das daran, dass die Wissenschaft, ähnlich wie die Politik, aus populistischer Sicht als ein elitäres Gebilde angesehen wird, das Dinge für sich in Anspruch nimmt, die dem Volk nicht zustehen, nämlich die Hoheits- und Entscheidungsmacht über die Wahrheit. Besonders deutlich wurde das bei einem Interview des damaligen britischen Justizministers Michael Gove. Damit konfrontiert, dass viele Expert:innen den damals geplanten Brexit eine sehr schlechte Idee fanden, meinte er: »Ich glaube, die Menschen in diesem Land haben genug von Experten.« Als ihn der Interviewer daraufhin als »Oxbridge Trump« bezeichnete (also wie Trump, aber aus den britischen Eliteschmieden gewachsen), begründete Gove seine Aussage mit einem »Glauben an das britische Volk«. Wenn die populistische Ablehnung wissenschaftlicher Fakten (auch) von einer generellen Ablehnung der Wissenschaft als Autorität herrührt, wird es nicht helfen, Dinge einfach basta-mäßig als faktisch korrekt hinzustellen und sie dann nicht weiter zu diskutieren.

Ein Beispiel: Mit Freddy hatte ich mal darüber geredet, ob Kaffeetrinken gut oder schlecht ist. Zur Klärung der Frage gibt es einen schönen Artikel in der *Apotheken Umschau*, geschrieben von einer Biochemikerin und mit über einem Dutzend Quellenangaben, die meisten davon wissenschaftliche Studien. Das Ergebnis: »in der Regel unbedenklich«. Juhu! Allerdings natürlich mit Ausnahmen, etwa: »Koffein fördert die Ausscheidung von Kalzium und so den Knochenabbau. Wer an Osteoporose leidet, sollte daher nicht mehr als drei Tassen Kaffee pro Tag trinken, am besten mit Milch.«

Okay, das schränkt mich nicht nennenswert ein. Zum einen leide ich meines Wissens nicht an Osteoporose und zum anderen sind meine Kaffeetassen zu Hause riesig (ein Überbleibsel aus meiner Zeit in den USA), sodass mir diese Maßregel recht viel Spielraum lässt. Allerdings habe ich dann noch weiter geschaut und das hier entdeckt, von einem Ernährungsexperten im öffentlich-rechtlichen Rundfunk: »In kleinen Studien konnte nachgewiesen werden, dass Kaffee die Knochengesundheit positiv beeinflusst.« Eine gegenteilige Aussage also, ebenfalls durch Studien belegt, ebenfalls von jemandem mit relevanter Expertise. Was ist dabei Fakt, was ist Meinung? Oder bedeutet dieser Widerspruch, dass die Wissenschaft einfach noch nicht ausreichend Bescheid weiß? Und vor allem: Wie viel Fakt muss sein, bevor ich mir meine Meinung bilden kann? Schließlich will ich auf keinen Fall das Risiko eingehen, auch als ignoranter Trump bezeichnet zu werden, wenn ich eine dieser wissenschaftlichen Aussagen ablehne oder meine eigene Meinung als wichtiger empfinde.

Ein dringlicheres Beispiel, das uns allen in der Coronapandemie begegnete, ist der Satz: *Masken schützen vor Krankheit.* Anders als beim Kaffee war die Sachlage von vornherein relativ eindeutig. Der Satz »Verdachtsfälle sollten Masken tragen, bis es zu einer sicheren Diagnose kommt«, findet sich bereits in einem Paper*, das vor mehr als hundert Jahren effektive Maßnahmen zur Eindämmung der Spanischen Grippe beschrieben hat. Moderne Analysen zur Bewegung der Luft beim Husten oder Sprechen lassen keinen Zweifel daran, dass eine Maske die Transportwege der Viren stark eingrenzen kann. Und eine Studie, die sich bereits vor der Pandemie andere, möglichst verlässliche Studien zu dem Thema anschaute und zusammen auswertete (mehr zu diesem Konzept später), sprach

* Eine kleine Anmerkung: In diesem Buch werden die Begriffe »Artikel« und »Paper« gleichbedeutend für die Beschreibung einer wissenschaftlichen Veröffentlichung verwendet. Was genau so eine Veröffentlichung ausmacht, wird später näher besprochen.

sich klar für das Tragen von Masken aus, wie auch fürs Händewaschen.

Andererseits gab es zu Beginn der Coronapandemie anderslautende Aussagen, die zumindest von der Quelle her nicht direkt unplausibler waren. Führende Stimmen in der WHO und bei den US-Gesundheitsbehörden sprachen sich zunächst gegen das Tragen von Masken aus, sofern man nicht bereits erkennbar erkrankt war. Unter ihren Argumenten befand sich zum einen der Gedanke, die Masken könnten keinen ausreichenden Nutzen haben, aber zum anderen auch die Sorge, dass sie sogar schaden könnten: in dem Fall etwa, dass man sich mit Maske sicher fühlt (selbst wenn sie schlecht sitzt) und daher größere Risiken eingeht.

Wer hier zur Wahrheit gelangen wollte oder zumindest zur plausibelsten faktenbasierten Empfehlung, wie man sich am besten schützen kann, musste sich mit dem Finden und Lesen von Originalstudien auskennen. Allerdings bringt uns das in aller Regel niemand bei. Entsprechend war der Diskurs übers Maskentragen sehr viel mehr von Meinungen geprägt als von Fakten. Eine Auswertung relevanter Tweets aus der Zeit ergab, dass Pro-Masken-Tweets häufiger auf Quellen verwiesen als Anti-Masken-Tweets. Das ist zunächst nicht überraschend, wenn man im Kopf behält, dass die zugrunde liegenden Quellen von vornherein eher für das Tragen von Masken gesprochen haben. Etwas beunruhigender wird es, wenn man sich die Zahlen genauer anschaut: Ja, die Pro-Masken-Tweets gaben zu 19 Prozent eine Quelle an, und die Anti-Masken-Tweets nur zu 6 Prozent. Aber in den allermeisten Fällen verwiesen diese Quellenangaben nur auf andere Tweets, gefolgt von Links zu Instagram oder YouTube. Auf verlässliche Quellen wie unabhängige Berichterstattung oder Informationen von Behörden entfiel in beiden Gruppen weniger als ein halbes Prozent der Tweets. Sowohl Pro- wie auch Anti-Masken-Content war also zu mehr als 99 Prozent Meinung, auch wenn die Fakten eine der beiden Seiten eher unterstützten als die andere.

Meinungen, Fakten und Gesellschaft

Wir werden noch genauer über solche Schwierigkeiten bei Gesundheitsfragen sprechen und darüber, wie man die Studienlage nach ihrer Verlässlichkeit bewerten kann. Für den Moment ist wichtig zu erkennen, dass man vor diesen Situationen nie wirklich fliehen kann. Ein Grund dafür ist, dass es häufig eine Lücke gibt zwischen dem, was die Wissenschaft überhaupt sagen kann, und dem, was politisch oder gesellschaftlich gerade benötigt wird. Ich sage gern überspitzt, dass uns die Naturwissenschaft noch nicht einmal sagen kann, ob Mord legal sein sollte oder nicht. Sie könnte im besten Fall vielleicht modellieren, wie wir uns eine Welt vorzustellen haben, in der Mord legal ist, sodass wir dann eine bessere Entscheidungsgrundlage haben. Dennoch ist die Entscheidung selbst eine ethisch-gesellschaftliche, und damit liegt sie eher im Bereich der Meinungen als in dem der Fakten. Das bedeutet, dass wir bei gesellschaftlichen Fragen mit wissenschaftlichen Fakten allein nicht ausreichend bedient sind – auch wenn es immer wieder mal prominente Forschende gibt, die das anders sehen.

Im Idealfall wäre es stattdessen so, dass es harte Fakten gibt, auf die wir uns alle einigen können und auf deren Basis wir uns eine Meinung bilden können. Unsere Meinung, und damit auch unsere Politik, soll so stark wie möglich auf empirischer Evidenz basieren – also auf dem, was mit naturwissenschaftlichen Mitteln gezeigt und nachgewiesen werden kann – und so wenig wie möglich auf faktenunabhängiger oder willkürlicher Überzeugung.

Dieses Konzept stellt man sich wie eine Einbahnstraße vor, von Fakten zu Meinungen, aber leider ist das in Wirklichkeit nicht so. Ein offensichtliches Problem ist, dass wir den uns vorgelegten Fakten eher Glauben schenken, wenn sie unsere bereits bestehende Meinung stützen. So wissen wir aus Studien, dass der wissenschaftliche Konsens zu Dingen wie Klimawandel und Evolution weniger geglaubt oder sogar komplett abgelehnt wird, wenn er gegen die eigene politische oder religiöse Überzeugung geht. Aber es gibt noch subtilere Wege, wie die Meinung auf wissenschaftliche Fakten einwirkt, und die haben wir meistens nicht auf dem Schirm.

Beim Finden, Bewerten, Verstehen und Weitergeben von Fakten legt uns die Welt jeweils Hürden oder Probleme in den Weg. Und zwar selbst dann, wenn wir es ernst meinen, also nicht irgendwie ideologisch oder emotional geblendet sind oder jemanden anlügen wollen (einschließlich uns selbst). Manche dieser Hürden entstammen unserer eigenen Psyche, andere liegen einfach in der Natur der Dinge. Und wenn wir dem vermeintlichen Siegeszug des Populismus wirklich einen Riegel vorschieben wollen, dann müssen wir diese Probleme besser verstehen.

Wozu dieses Buch gut sein soll

Ich habe Angst um das Vertrauen, das die Gesellschaft der Naturwissenschaft entgegenbringt. Diese Angst mag irrational wirken, denn gerade in Deutschland genießt die Wissenschaft ein verhältnismäßig hohes Level an Vertrauen in der Bevölkerung. Aber meine Befürchtung ist, dass dieses Vertrauen auf einem porösen Fundament steht und dass das vor allem auch mit der Unterscheidung zwischen Fakten und Meinungen zu tun hat. Ein Beispiel dazu: Die Zeit, als Donald Trump die oben beschriebenen Aussagen fallen ließ, war gerade für Forschende in den USA eine schwierige Phase, da der Präsident seine negativen Ansichten zum wissenschaftlichen Konsens offen zur Schau trug. Entsprechend gab es in führenden naturwissenschaftlichen Fachzeitschriften Meinungskolumnen.

Diese Entwicklung gipfelte darin, dass sich die Zeitschriften *Nature*, *Lancet* und *Scientific American*, mit die allerwichtigsten Stimmen, wenn es darum geht, den naturwissenschaftlichen Konsens abzubilden, explizit dafür aussprachen, bei der Präsidentschaftswahl 2020 für den Herausforderer Joe Biden zu stimmen. Für die beiden letztgenannten Zeitschriften war es das erste Mal, dass eine so starke politische Präferenz ausgesprochen wurde. Im Grunde war das aber nur konsequent: Wenn eine bestimmte politische Entwicklung als Bedrohung für die Forschung angesehen wird, kann man es durchaus als Pflicht der wissenschaftlichen Journals sehen, die Bevölkerung darüber in Kenntnis zu setzen und einen Lösungsvorschlag anzubieten. Gleichzeitig löste diese Stellungnahme genau den negativen Effekt aus, den man erwarten würde: In einer nachfolgenden Studie zeigte sich, dass Trump-Wähler:innen, denen der Artikel aus der Zeitschrift *Nature* gezeigt wurde, diese Zeitschrift hinterher für weniger vertrauenswürdig hielten. Dieser Vertrauensverlust hatte zwei Facetten: Zum einen glaubten die Trump-Wähler:innen weniger daran, dass die von der Redaktion ausgewählten Artikel deren ehrliche, unvoreingenommene Meinung präsentierten. Zum anderen gingen sie auch weniger stark davon aus, dass die Menschen hinter der Zeitschrift überhaupt das notwendige Wissen hätten, um die Gesellschaft in wissenschaftlichen Dingen zu beraten.

Das ist natürlich sehr schlecht. Ich selbst habe nie eine eigene Forschungsarbeit in *Nature* oder *Lancet* veröffentlicht (das ist nur wenigen vergönnt), aber ich würde mich ärgern, wenn die Redaktion etwas veröffentlicht, das dazu führt, dass meinen Artikeln weniger Vertrauen entgegengebracht wird, wenn auch nur von einem Teil der Bevölkerung. Was wäre hierfür die Lösung? Sollen sich die Fachzeitschriften und die Forschenden einfach komplett aus der politischen Sphäre heraushalten, also nur die reinen Fakten präsentieren, ohne jede Einordnung?

Dazu sage ich Nein, und zwar aus einem ganz einfachen Grund: Sofern sie gesellschaftlich relevant sind, werden Fakten zwangsläufig ohnehin politisiert, wie wir am Beispiel des Maskentragens gesehen haben. Je nach Forschungsfeld gibt es häufig Studienergebnisse, die eine bestimmte Handlungsweise implizieren oder bevorzugen (wie bei *Masken schützen vor Krankheit*). Dieses Ergebnis, dieser Fakt wird dann ganz natürlich von den Unterstützer:innen der entsprechenden Maßnahme zitiert und von der Gegenseite infrage gestellt. Eine Wissenschaft, die sich in dieser Situation komplett aus der Politik heraushält, hat keine Möglichkeit, sich gegen Kritik zu wehren oder klärend einzugreifen, wenn der Fakt falsch wiedergegeben wird (was nicht unbedingt immer nur bei der Gegenseite passiert). Das erscheint mir nicht sinnvoll. Ganz abgesehen davon wird Wissenschaft von Menschen gemacht, und es wäre töricht bis unmoralisch zu verlangen, dass sich diese Menschen komplett aus dem politischen Prozess zurückziehen sollen.

Und wenn das alles so ist, also wenn Fakten die Basis für Meinungen bilden sollen, aber Meinungen auch wieder den Umgang mit Fakten bestimmen und eine vollständige Trennung der beiden ohnehin nicht möglich ist, dann hilft aus meiner Sicht nur die Flucht nach vorn: Wir brauchen ein ehrliches Gespräch darüber, warum es so schwierig, teils gar unmöglich ist, naturwissenschaftliche Fakten und Meinungen auseinanderzuhalten. Anders gesagt: Bevor wir uns auf gemeinsam akzeptierte Fakten einigen können, müssen wir uns zuerst darüber einig werden, wie man überhaupt an möglichst vertrauenswürdige Fakten herankommt.

Mit Freddy im Thai-Restaurant konnte ich so spontan nicht zielführend auf seine Skepsis eingehen, stattdessen habe ich mehrere Punkte durcheinandergeworfen und musste insgesamt sehr konfus gewirkt haben. Erst hinterher, in einem ruhigen Moment, kam ich auf insgesamt sechzehn Probleme, mit denen wir zu kämpfen haben, wenn wir die Grenzbereiche zwischen naturwissenschaftlichen Fakten und bestreitbaren Meinungen ergründen wollen. Manche haben mit Denkfehlern zu tun, auf die wir ständig reinfallen. In anderen Fällen liegt das Problem in der Wissenschaft selbst oder zumindest darin, dass uns nie jemand erklärt hat, wie in der Forschung eigentlich gearbeitet und kommuniziert wird.

Vermutlich hätten sich noch hundert weitere Probleme finden lassen, die uns die Unterscheidung zwischen Fakten und Meinungen schwer machen. Aber in einem Punkt bin ich genau wie Freddy: Wir haben beide nicht genügend Geduld für langes Schwafeln und Philosophieren. Die sechzehn Probleme, die ich mir in diesem Buch vornehme, sind praxisorientiert gedacht: Was müssen wir wissen, um die Graubereiche zwischen Fakten und Meinungen zu verstehen, und wie finden wir hin zu vertrauenswürdigen Informationen?

Die Probleme teilen sich auf ganz natürliche Weise in vier große Themenbereiche auf, die dem Ablauf wissenschaftlicher Faktenfindung entsprechen: *Hinschauen*, *Hypothesen testen*, *Interpretieren* und *Weitererzählen*. Daher soll auch dieses Buch so aufgebaut sein. Am Ende wird das dabei Erfahrene zu einer Art Leitfaden zusammengefasst, einer *Anleitung zum besseren Urteilen*.

Wir haben eine ungewöhnliche Reise vor uns, gefüllt mit schönen Dingen wie Spaghetti bolognese, Marshmallows und Honig, aber auch vorbei an schlimmen Dingen wie Cholera, Atombomben und Alkohol während der Schwangerschaft. Eine Grundeigenschaft der Naturwissenschaft ist nun mal: Sie macht vor keinem Thema halt. Also schnallt euch an, denn Gurte retten Leben (das ist übrigens keine Meinung, sondern ein nachgewiesener Fakt). Wir beginnen am Anfang. Nicht bei der Geburt, sondern noch davor.

Hinschauen

»Ein Mensch wurde durch die Litanei unentwegter Verneinung in die Verzweiflung getrieben und es platzte aus ihm heraus: ›Glauben Sie denn an gar nichts?‹ – ›Doch‹, sagte ich. ›Ich glaube an Nachweise. Ich glaube an Beobachtung, Messung und logisches Denken, bestätigt durch unabhängige Beobachter. Ich würde an alles glauben, ganz egal wie wild und lächerlich es ist, wenn es Nachweise dafür gibt.‹«
Isaac Asimov, The Roving Mind

Problem 1. Zwei Embryos, oder:
Wir übersehen Dinge

Stellt euch zwei Embryos vor, Zwillingsbrüder, während einer friedlichen Unterhaltung im Mutterleib. »Schon toll«, sagt der eine, »dass wir nach unserer Zeit hier drin irgendwann ins Licht wandern und singen, tanzen und essen werden.«

»So ein Quatsch«, sagt der andere, »wer glaubt denn schon an ein Leben nach der Geburt. Essen und tanzen, dass ich nicht lache – unser Essen kommt aus der Nabelschnur, und die ist viel zu kurz zum Wandern oder Tanzen.«

»Gut, über die Details kann man sich streiten«, sagt der gläubige Bruder (also gewissermaßen der Glaubensbruder?), »aber woher willst du wissen, dass es kein Leben nach der Geburt gibt?«

»Ganz einfach«, so der Uterus-Atheist, »weil noch nie jemand von dort wieder zurückgekommen ist. Alle erzählen sich Geschichten über die Mutter, aber niemand hat sie je gesehen. Wissenschaftlich gesehen ist das alles Unsinn.«

Er bezieht sich also auf die Naturwissenschaft – und ganz ehrlich: Tun wir das nicht alle gern? Selbst jemand, der sich in diesem Moment bereit macht für eine Anti-Wissenschafts-Demo, der gerade noch ein Schild gemalt hat mit der Aufschrift »Die Wissenschaft lügt!«, selbst der schaut noch mal kurz auf die Wetter-App, bevor er sich auf den Weg zur Demo macht, damit er nicht unerwartet in einen Regen gerät.

Die Message dieser vorgeburtlichen Geschichte, die man immer mal wieder im Internet findet, ist klar: Wir alle wissen mehr als die ungeborenen Diskutanten; wir wissen, dass es die Mutter wirklich gibt. Unsere Existenz endet nicht mit der Geburt, sondern geht dann überhaupt erst richtig los. Manche, die an Gott glauben, verwenden diese Metapher, um zu sagen: Gott ist wie die Mutter in der Geschichte, er umgibt uns und wartet gleichzeitig auf uns. Soll heißen: Der Atheist liegt falsch, so wie der ungläubige Embryo falschliegt, indem er die Existenz der Außenwelt verneint. Indem er auf dem besteht, was naturwissenschaftlich unmittelbar für ihn nachweisbar ist, lehnt er die tatsächliche Wahrheit ab. (Übrigens scheint es immer okay zu sein, dass Gott hier eine Frau ist – manche Leute haben damit ja sonst so ihre Schwierigkeiten.)

Wie alle Vergleiche hinkt auch dieses Gleichnis an einer wichtigen Stelle: Es geht davon aus, dass die Embryonen überhaupt nichts von der Außenwelt mitbekommen, so wie wir üblicherweise vergeblich auf Nachrichten aus anderen Sphären der Existenz warten. Aber das ist nicht der Fall. Denkt man einen Moment länger über das Beispiel nach, dann fällt einem ein ganzes Füllhorn an Informationen auf, die sich naturwissenschaftlich auswerten lassen:

Nehmen wir an, dass die zwei ungeborenen Streithähne nur sehr wenig von dem mitbekommen, was sich außerhalb des Mutterleibs abspielt. Aber zumindest werden sie Bewegungen und Erschütterungen wahrnehmen sowie manche Berührungen des Bauchs. Vielleicht hören sie sogar Geräusche von außen, wenn auch dumpf. Wenn wir weiter spekulieren, können sie vielleicht Unterschiede in der Helligkeit mitbekommen oder sogar in den Nährstoffen, die sie durch die Nabelschnur erhalten. Wir wissen aus Studien, dass die Gehirne ungeborener Kinder zumindest gegen Ende der Schwangerschaft in der Lage sind, Geräusche wahrzunehmen und zu unterscheiden.

Völlig gleichgültig, wie viele dieser Kennwerte sie tatsächlich spüren und verfolgen können, eines werden sie sofort dabei feststellen: Sie verändern sich über die Zeit. Und das nicht zufällig, sondern in klaren Rhythmen. Jeden Tag gibt es eine Phase, in der all diese Dinge – Bewegung, Geräusche, Licht, Nahrungsaufnahme – für einige Stunden heruntergefahren werden, und zwar wenn die werdende Mutter schläft. Das ist eine wichtige Beobachtung, für die die zwei Brüder zunächst keine Erklärung haben werden.

Und es geht noch weiter: Die beiden werden vermutlich keine Möglichkeit haben, den Inhalt gesprochener Sprache zu verstehen – zum einen müssen sie das erst lernen, zum anderen hört man vermutlich im Uterus nicht klar genug, was gesagt wurde. Aber selbst ohne inhaltliche Information lässt sich einiges feststellen: Es gibt unterschiedliche Stimmen zu unterschiedlichen Zeiten in unterschiedlicher Lautstärke. Eine davon ist lauter und deutlicher als die anderen – handelt es sich dabei etwa um die Stimme der unsichtbaren Mutter?

Damit wurden ausreichend Beobachtungen gesammelt, um eine Vermutung aufstellen zu können: Es gibt Eindrücke von außen, und die folgen einem regelmäßigen Rhythmus. Die Mutter gibt Laute von sich, und manchmal scheinen andere, vergleichbare Stimmen darauf zu antworten. Eine fundierte Erklärung dafür wäre: Es gibt eine Welt da draußen.

Welches ungeborene Kind hat also recht, das gläubige oder das ungläubige? Als Wissenschaftler sollte ich sagen, dass der ungläubige Embryo ein besseres Verständnis hat, da er die Geschichten des anderen nicht einfach so übernimmt, sondern kritisch hinterfragt und sich vermutlich erst von Fakten überzeugen lassen würde. Aber tatsächlich sage ich hier: Beide hätten es besser machen können. Anstatt nur Meinungen auszutauschen, hätten sie Fakten sammeln können. In diesem Fall hätte schon eine ganz simple Beobachtung genügt, um den Dialog zumindest viel konstruktiver zu machen. Die zwei Embryos leiden daher unter dem, was wir hier als *Problem 1* benennen wollen: Sie übersehen Dinge, die beobachtbar wären. Es gibt Muster in ihrer Welt, die sie bräuchten, um Fakten von Meinungen abzugrenzen, aber diese Muster werden von ihnen ignoriert.

In der Tat wird das Beobachten, dieser simple Prozess des Hinschauens oder -hörens, üblicherweise als der Ursprung der gesamten heutigen Naturwissenschaft angesehen. Zumindest in der westlichen Welt erzählt man sich von den Philosophen im alten Griechenland, die an den Nachthimmel schauten und sich daran erfreuten, dass alle Sterne wie eine gleichförmige Decke über das Firmament wandern – alle bis auf ein paar Ausreißer, deren Bahnen zwar ebenfalls einen gleichmäßigen Ablauf haben, aber denen der anderen Himmelskörper widersprechen. Daher nannten sie sie Planeten, nach dem griechischen Wort für »Wanderer«.

Der Grund, warum diese Beobachtung als Fundament der modernen Wissenschaft angesehen wird, ist, dass sie das Bedürfnis darstellt, die beobachtbaren Muster in der natürlichen Welt um uns herum festzuhalten, um daraus zu lernen. Und da wir noch heute manche Aufzeichnung und Schlussfolgerung aus jener Zeit schriftlich vorliegen haben, bilden wir uns ein, es sei das erste Mal gewesen, dass Menschen auf die Idee gekommen sind, die Regelmäßigkeiten der Natur zu notieren und zu interpretieren.

Aber natürlich gab es das schon vorher: Bereits einige Tausend Jahre vor den Marktplätzen und Akademien Griechenlands gab es an verschiedenen Orten der Welt Menschen, die Tag für Tag auf ihre Kenntnis von Mustern angewiesen waren. Vielleicht nicht auf die der Planeten am Himmel, doch der jungsteinzeitliche Bauer, der die Regelmäßigkeiten der Jahreszeiten in seiner Region nicht hinreichend verstand, wird nur wenig Erfolg gehabt haben. Und auch schon lange davor musste die altsteinzeitliche Jägerin/Sammlerin die Zeichen der Natur lesen und deuten lernen, um Muster im Verhalten der Tier- und Pflanzenwelt zu erkennen und auszunutzen. Anders gesagt: Die Menschheit verwendete Prinzipien der Wissenschaft schon lange bevor uns zeitgenössische Aufzeichnungen davon überliefert wurden. Bei allem Respekt für Aristoteles wüsste ich einfach gern den Namen der Person, die zum ersten Mal Kerben in ein Stück Holz geritzt hat, um eine Anzahl darzustellen, oder zum ersten Mal einen Lageplan in den Sand gezeichnet hat, um eine wichtige Situation abzubilden.

Dass diese Beobachtungen elementar wichtig sind, wissen wir als Menschheit also schon sehr lange. Aber auch nach all dieser Zeit sind wir immer noch sehr schlecht darin, es wirklich richtig zu machen, also unsere Umgebung und die Welt an sich so wahrzunehmen, wie sie sind. Ein Grund dafür ist, dass eine wissenschaftlich gültige Beobachtung nicht in unserer Natur liegt, sondern wir müssen sie uns hart erarbeiten. Ich gebe euch nun ein Beispiel, an dem ihr das selbst ausprobieren könnt.

Problem 2. Spaghetti bolognese, oder: Wir beobachten und erinnern schlecht

Zur Erläuterung dieses Problems, also unserer grundlegend fehlerbehafteten Wahrnehmung der Welt, habe ich Freddy eine kleine Aufgabe gestellt, die ich wie folgt wiedergeben will:

Stellt euch vor, ich erzähle euch, was ich letzte Woche am Dienstagabend getan habe. Es ist eine recht langweilige Geschichte. Spannend wird sie nur dadurch, dass euch die Polizei später fragt, ob ihr wisst, womit ich zu dieser Zeit beschäftigt war, weil zur gleichen Zeit ein Verbrechen geschehen ist. Was für ein Verbrechen das war, oder ob ich es begangen habe, ist hierfür irrelevant. Ihr sollt nur genau zuhören, was ich erzähle, damit ihr einige Wochen später im Gericht darüber aussagen könnt. Fertig? Und los geht's:

»Am Dienstag war ich in einem italienischen Restaurant, nicht weit von mir. Um Punkt neunzehn Uhr kam ich dort an. Ein schöner Laden, nur etwas teuer. Ich bestellte das Tagesgericht, das waren die Spaghetti bolognese, und trank zwei Cola Zero. So etwa um einundzwanzig Uhr dreißig bezahlte ich, gab ein sehr großzügiges Trinkgeld und ging von da aus direkt nach Hause.«

So weit alles klar? Lest den Abschnitt ruhig noch einmal. Merkt euch alles möglichst genau, gleich nachher werde ich euch eine Detailfrage dazu stellen.

Bei dem Punkt, den ich hier machen möchte (und den Freddy nach diesem Beispiel auch eingesehen hat), geht es um Augenzeugenberichte. Und wenn wir über die Psychologie von Augenzeugenberichten sprechen, dann müssen wir bei Elizabeth Loftus anfangen. Die US-Psychologin, deren Untersuchungen zum Thema Gedächtnis schon seit Jahrzehnten legendär sind, unterrichtet noch immer in Kalifornien. Und wie so viele Legenden ist sie irgendwann übers Ziel hinausgeschossen. Aber fangen wir vorn an.

Nach eigenen Angaben ließ sich Loftus von einem Konzept Immanuel Kants inspirieren: Seine Ideen zur Wahrnehmung brachten sie dazu, sich zu überlegen, ob unsere Erinnerung an Ereignisse nicht durch Dinge geändert werden könnte, die wir erst nach dem eigentlichen Ereignis erfahren. (Zwanzig Jahre später wäre sie vielleicht eher von einem Zitat aus dem David-Lynch-Film *Lost Highway* darauf gekommen, wo der Hauptcharakter Fred Madison den Einsatz einer Überwachungskamera ablehnt: »Ich erinnere mich lieber auf meine Art an Dinge. So, wie ich mich an sie erinnere, nicht unbedingt so, wie sie passiert sind.«)

Um das empirisch zu testen, zeigte Loftus ihren Versuchspersonen zum Beispiel eine Reihe von Fotos, die in ihrer Abfolge einen Autounfall darstellen: Einmal stand ein roter Datsun an einem

Stoppschild und überfuhr kurz darauf einen Fußgänger. Später sollten die Teilnehmenden einen Fragebogen zu den Vorgängen beantworten. So weit, so gut. Allerdings war eine Frage in dem Fragebogen: »Fuhr ein anderes Auto an dem roten Datsun vorbei, als er am ›Vorfahrt gewähren‹-Schild stand?« Es wurde also nach dem falschen Schild gefragt. Wissenschaftlich korrekt wurde das dann auch variiert, also dass für andere Proband:innen auf dem Bild ein ›Vorfahrt gewähren‹-Schild zu sehen war, aber im Fragebogen nach einem Stoppschild gefragt wurde. Anschließend wurden weitere Fragen gestellt; unter anderem sollten die Leute auswählen, ob sie auf dem Foto ein Stoppschild oder ein ›Vorfahrt gewähren‹-Schild gesehen hatten. Das Ergebnis passt zu dem, was auch Immanuel Kant oder David Lynch erwartet hätten: Über die Hälfte der Leute ließ sich dazu verleiten, sich an das falsche Schild zu erinnern.

Das ist natürlich erst mal sehr schlecht: Man stelle sich vor, jemand macht im Gerichtssaal eine Aussage, und die Staatsanwältin oder der Verteidiger, der die Fragen stellt, lässt in die Frage selbst eine falsche Information einfließen, egal ob aus Versehen oder absichtlich. Könnte das dann verändern, woran sich die befragte Person erinnert? Die Antwort lautet: Ja, je nach genauer Situation. Eine bombenfeste, zentrale Erinnerung wird sich dadurch nicht umschubsen lassen, vielleicht aber ein Detail, das der beobachteten Person unwichtig vorkam, für den Fall dennoch eine große Rolle spielt.

Und auch die Zeit, die seit dem Ereignis vergangen ist, spielt eine Rolle: Im Versuch von Loftus wurde stark variiert, wie lange sich die Leute das Beobachtete merken mussten, von null Minuten (also direkte Befragung hinterher) zu zwanzig Minuten, einen Tag, zwei Tage oder eine Woche. Die fehlerhafte Information kam dabei entweder direkt nach der Beobachtung oder kurz vor der letzten Befragung. Am schlechtesten schnitten die Leute ab, wenn sie sich über längere Zeit erinnern mussten und erst kurz vor der Befragung durcheinandergebracht wurden. Also genau so, wie es bei einem Gerichtsfall wäre: Man muss sich über lange Zeit an etwas erinnern und ist dann von der Art der Befragung abhängig.

In der Praxis ist dieses Ergebnis besorgniserregend, aber psychologisch überrascht es zunächst überhaupt nicht, denn: Unser Gedächtnis funktioniert nicht wie der Abruf von einer Festplatte, wo man die gesuchten Daten entweder in ihrer Gesamtheit findet oder nicht und die Informationen, die man sucht, beim Abruf unverändert bleiben. So kommt es uns zwar vor, aber ich würde den Abruf aus dem Gedächtnis eher mit dem Bauen eines Lego-Modells vergleichen. Sich zu erinnern ist ein aktiver Prozess, an dem mehrere Teile des Gehirns beteiligt sind. Werden wir gefragt, wie ein roter Datsun eigentlich aussieht oder wie der oben erwähnte David-Lynch-Film noch mal hieß, dann sucht unser Gehirn zunächst die relevanten Teile zusammen und vielleicht sogar ein paar irrelevante (zum Beispiel ein rotes Auto einer anderen Marke oder den Titel eines anderen Films des Regisseurs). Die letztendliche Erinnerung ist dann wie das Lego-Set: aus Einzelteilen zusammengesetzt und hoffentlich möglichst vollständig. Wenn uns dabei aber jemand einen falschen Stein unterjubelt, dann besteht die Gefahr, dass er trotzdem ins Modell eingebaut wird – und wir uns falsch erinnern. Oft spielt das keine Rolle, aber im Gerichtssaal eben schon.

Das ganze Ausmaß dieses Problems wird deutlich, wenn man sich die Zahlen anschaut, die das US-amerikanische *Innocence Project* gesammelt hat. Diese Non-Profit-Organisation hat das Ziel, zu Unrecht Verurteilte zu unterstützen. Dabei zweifelt niemand an, dass die allermeisten Verurteilten auch schuldig sind. Und natürlich haben manche Verurteilten etwas davon, so zu tun, als seien sie zu Unrecht inhaftiert. Dennoch gibt es eine schockierend hohe Zahl an Fällen, bei denen das *Innocence Project* jemandem erfolgreich zur Freiheit verholfen hat, indem es nachweisen konnte, dass ein juristisches Fehlurteil stattgefunden hatte. Und da wir von einem Land sprechen, in dem es die Todesstrafe gibt, gibt es auch manche, die zu dem Zeitpunkt auf ihre Exekution warteten. Eine gruselige Vorstellung, unschuldig in der *Death Row* zu landen.

Ein riesiger Faktor für die Arbeit des *Innocence Project* war der Fortschritt bei DNA-Analysen in den letzten Jahrzehnten. Oft lagen (und liegen) DNA-Spuren jahrelang herum, ohne ausgewertet zu werden. Denn DNA-Spuren – zum Beispiel in Form von Haaren oder Körperflüssigkeiten, die an einem Tatort gefunden werden – sind schnell gesammelt und gespeichert, aber das Auswerten kostet Zeit und Geld. Für den sogenannten genetischen Fingerabdruck, mit dem eine Gewebeprobe einer bestimmten Person zugeordnet werden soll, verwendet man einen PCR-Test. Wer sich noch an die genauen Umstände während der Pandemie erinnert, weiß, dass das kein Verfahren für einen Schnelltest ist, sondern man braucht dafür einen Moment im Labor. Aber in der letzten Zeit wurde die Technik schneller und günstiger, sodass es sich lohnen kann, eine alte Probe abzustauben und endlich zu analysieren.

Dabei zeigen sich Überraschungen: Bereits 1989 wurde jemand mithilfe eines DNA-Tests freigesprochen. Seither ist das nach Angaben des *Innocence Projects* allein in den USA noch weitere 374 Mal vorgekommen. In all diesen Fällen konnte mithilfe von Gewebeproben gezeigt werden, dass die verurteilte Person nicht an dem Verbrechen beteiligt war, oder es konnte damit sogar ein anderer Täter identifiziert werden. DNA-Analysen haben ihre eigenen Tücken (dazu später mehr), aber zumindest in diesen mehreren Hundert Fällen waren sie offenbar notwendig, um schwammigen Augenzeugenberichten einen harten Datenpunkt entgegenzusetzen.

Die falschen Verurteilungen lagen zum Teil auch an falschen Geständnissen oder Falschaussagen von Informant:innen, aber in mehr als zwei Drittel der Fälle waren tatsächlich Aussagen von Augenzeugen daran schuld. Die gute Nachricht ist: Das können wir in Zukunft besser machen! Eine Studie von vor wenigen Jahren besteht darauf, forensische Augenzeugenberichte hätten einen zu schlechten Ruf, denn mit der richtigen Methode seien sie eigentlich sehr verlässlich. Das Personal, das den Augenzeugenbericht aufnimmt, muss dafür allerdings besonders geschult sein: Wie aus der Loftus-Studie zu schließen ist, dürfen die Fragesteller:innen nicht aus Versehen Fehlinformationen einstreuen. Ebenso müssen sie sich schwer davor hüten, Suggestivfragen zu stellen, da sie die Antwort zu kennen glauben (»Kann es nicht doch der andere Herr gewesen sein …?«). Ein weiterer wichtiger Punkt dabei ist, zu erkennen, bei welchen Angaben sich die Zeugin oder der Zeuge eher sicher ist und bei welchen eher unsicher, und die Aussagen entsprechend zu gewichten. Wird all das eingehalten, so besteht Hoffnung, dass Augenzeugenberichte in Zukunft nicht mehr so unzuverlässig sein werden, wie ihr Ruf in der Sozialpsychologie schon lange glauben lässt.

Apropos, ich hatte ja gesagt, dass Elizabeth Loftus in mancher Hinsicht vom rechten Weg abgekommen zu sein scheint. Das hat damit zu tun, dass ihre Forschung dazu verwendet werden kann, Augenzeugenberichte ganz gezielt zu diskreditieren. Manche der schlimmsten Verbrechen geschehen unter vier Augen, sodass vor Gericht Aussage gegen Aussage stehen kann. Den Tätern kommt es da manchmal sehr gelegen, dass prominente Forschung solche Aussagen für unzuverlässig hält. Vor allem, da Loftus in einer anderen Studie ganz gezielt versucht hat, falsche negative Erinnerungen zu erzeugen, zum Beispiel dass jemand als Kind verloren gegangen sei. Mit so einer Studie in der Tasche lassen sich die negativen Erinnerungen eines Opfers vor Gericht schnell als Hirngespinst abtun, um einen Täter zu schützen.

Jetzt könnte man sagen: Nichts schützt einen vor Applaus von der falschen Seite. Loftus kann ja nichts für das, was bei ihren Studien herauskommt. Aber diese Entschuldigung gilt spätestens dann nicht mehr, wenn die Forscherin sich den fiesesten Verbrechern zur Verfügung stellt, um als Expertin vor Gericht deren Verteidigung zu unterstützen. Von Harvey Weinstein über den dutzendfachen Serienmörder Ted Bundy bis hin zu Polizisten, die den Schwarzen Rodney King verprügelten, war alles dabei. Nach eigenen Angaben erhält Loftus dafür bis zu 500 Dollar pro Stunde. Selten liegen moralische und wissenschaftliche Fragen so nahe beieinander.

Es ist daher extrem wichtig, nicht zu vergessen, dass Augenzeugenberichte zwar manipuliert werden können, aber deswegen noch lange nicht grundsätzlich falschliegen. Unsere Aufgabe als Gesellschaft ist es, ein System zu schaffen, in dem Augenzeugenberichte so verlässlich wie möglich aufgenommen werden können. Damit schützen wir Opfer und verhindern gleichzeitig, dass Täter davonkommen, weil an ihrer Stelle Unschuldige verurteilt werden.

Bevor ich dieses Kapitel beenden kann, müssen wir auf meinen Restaurantbesuch von Dienstagabend zurückkommen. Jetzt nicht noch mal zurückblättern! Stellt euch einfach vor, ihr seid vor Gericht und müsst dort wiedergeben, was ich über den Abend erzählt habe. Die Staatsanwältin fragt: »Was hat Jens Foell an diesem Abend beim Italiener gegessen?«

Was ist eure Antwort?

Aller Wahrscheinlichkeit nach sagt ihr: Spaghetti bolognese. Das war das einzige Gericht, das in der Geschichte genannt wurde. Allerdings habe ich nie gesagt, dass ich es auch gegessen habe – ich habe nur gesagt, ich habe es bestellt. Gut, in den allermeisten Fällen erwarten wir bei einem Restaurantbesuch, dass gegessen wird, was bestellt wurde; aber was, wenn es kein gewöhnlicher Restaurantbesuch war? Zum Beispiel habe ich ein sehr großzügiges Trinkgeld erwähnt. Habe ich das gegeben, weil ich die Spaghetti habe zurückgehen lassen? Oder vielleicht habe ich sie auch für jemand anderen bestellt – schließlich habe ich meinen Angaben zufolge stolze zweieinhalb Stunden in dem Laden verbracht, da werde ich doch wohl nicht allein gewesen sein? Die kurze Schilderung wirft also doch einige Fragen auf. Klar ist nur: Ich scheine euch irgendetwas verschwiegen zu haben, und ich habe nie behauptet, ich hätte an dem Abend Spaghetti bolognese gegessen.

Euer Beobachtungsvermögen hat euch also im Stich gelassen, genauer gesagt: eure Erinnerung an das Beobachtete. Wenn ihr euch jetzt ausgetrickst vorkommt, liegt das natürlich daran, dass ich einen Trick dabei angewendet habe: Ich habe die Tatsache ausgenutzt, dass die Verbindung zwischen »Im Restaurant ein Gericht bestellen« und »dieses Gericht dann auch essen« so stark ist, dass beide Aussagen in unserem Gehirn üblicherweise vermengt werden und keine Lücke zwischen ihnen erkennbar ist. Falls es eine solche Lücke in Ausnahmefällen aber doch gibt, wie hier im Beispiel, dann wird sie einfach mit dem Erwarteten aufgefüllt. Das kann auf der Ebene der Wahrnehmung selbst passieren oder auch erst beim späteren Abrufen.

Mit dieser Schwäche seid ihr zumindest in guter Gesellschaft, wie die Forschung zu Augenzeugenberichten aufzeigt. Für diese Unzuverlässigkeiten gibt es gute Gründe. Zum einen sind wir nun mal keine Aufzeichnungsgeräte. Wie alle Erzeugnisse der Evolution funktioniert auch unser Gedächtnis gerade mal so gut, wie es muss, um zu überleben. Und das ist immer noch sehr beeindruckend (Shout-out an alle, die sich noch an die Telefonnummer der besten Freundin oder des besten Freundes aus der Kindheit erinnern), aber eben nicht perfekt.

Dazu kommt das Problem unserer Aufmerksamkeit, genauer gesagt: unserer Motivation. Wir alle kennen das Gefühl, dass man nur noch Bäckereien und Restaurants sieht, wenn man sehr hungrig durch die Stadt geht. Das wird in Extremsituationen noch verstärkt. Beispielsweise wurde eine gute Bekannte von mir einmal in einem Schmuckgeschäft von jemandem mit einem Messer überfallen. Als sie direkt nach der Tat der Polizei den Täter beschreiben sollte, kam sie sich recht doof vor, denn sie erinnerte sich selbst an die grundlegendsten Dinge nicht mehr. Spätestens bei der Frage, ob der Täter Handschuhe getragen hat oder nicht, war es ihr peinlich, sagen zu müssen, dass sie es sich nicht gemerkt hatte. Glücklicherweise konnte ich sie beruhigen: Sie hatte nichts falsch gemacht, und sie war auch nicht irgendwie unterdurchschnittlich, was das Gedächtnis angeht. Sie hatte einfach nur erfahren, wie unsere Wahrnehmung in einer extremen Stresssituation funktioniert. Ich fragte sie, ob sie sich an Details des Messers erinnern könne. Darüber wusste sie alles, denn darauf hatte sich ihre gesamte Aufmerksamkeit in diesem Moment fokussiert. Das Messer war in dem Moment eine tödliche Waffe, und zwar ganz egal, wer es in dem Moment in der Hand hielt oder ob die Person Handschuhe trug oder nicht. Daher war die komplette Aufmerksamkeit auf dieses eine Objekt ausgerichtet.

Wir halten fest: Alles in allem sind unsere Wahrnehmung und unser Gedächtnis nicht sehr gut, und vor allem nicht so gut, wie wir oft denken. Wir sind daher beim nächsten grundlegenden Problem der Faktenfindung, unserem *Problem 2*: Wir beobachten und erinnern schlecht. Das Beispiel mit dem Restaurantbesuch zeigt: Sowohl beim Zuhören wie auch beim Erinnern füllen wir Lücken einfach auf. Das Beispiel mit dem Stoppschild sagt uns: Eine Erinnerung bleibt nicht stabil, sondern kann nachträglich (mit oder ohne Absicht) beeinflusst und verzerrt werden. Und zuletzt lernen wir durch das Beispiel mit dem Überfall, dass unsere Wahrnehmung nicht immer gleich gut funktioniert, sondern sich je nach Situation auf das ausrichtet, was unser Gehirn momentan am wichtigsten findet.

So zusammengefasst, müsste es mit unserer Zuverlässigkeit eigentlich dann am schlechtesten bestellt sein, wo eine extreme Situation beobachtet wird, bei der die vorhandene Information lückenhaft ist und über die wir immer wieder von anderen Menschen hören – anders gesagt, nach gesellschaftlich traumatisierenden Ereignissen wie den Anschlägen vom 11. September 2001 oder der Explosion der Raumfähre *Challenger* im Jahr 1986. In beiden Fällen haben Psycholog:innen die Erinnerungen der Menschen abgefragt, um zu schauen, wie sich diese im Lauf der Zeit verändern. Im Fall von 9/11 wurde zum Beispiel nach einer Woche, nach einem Jahr und nach drei Jahren nach Details gefragt, und zwar zum Ereignis selbst (Wie viele Flugzeuge waren es? Wo fanden ihre Einschläge statt? Wo befand sich der US-Präsident zu der Zeit?), aber auch dazu, wie es einem persönlich dabei gegangen war. Ein eindrückliches Ergebnis dabei ist ein Schaubild, das zeigt, wie die Erinnerungen an solche Ereignisse in ziemlich genau derselben Rate abnehmen wie ihre Berichterstattung in den Medien. Für die Forschung ist das schlecht, denn das Ausmaß an Berichten, die später hinterherkommen, variiert stark. Das macht die Ergebnisse schwer mit denen anderer Studien vergleichbar.

Auf der anderen Seite hat dieser Zusammenhang zwischen der Erinnerungsleistung und der Berichterstattung auch etwas Versöhnliches: Offenbar *erleben* wir diese Dinge nicht nur gemeinsam, sondern *vergessen* sie auch gemeinsam.

So ähnlich habe ich das auch Freddy zu verkaufen versucht. Nur mit weniger Details, ich hatte nicht alle Studien im Kopf. Schön und gut, meinte Freddy da, aber alle meine Beispiele seien schon Jahrzehnte her, und in der heutigen Welt sei das doch alles nicht mehr gültig. Bei einem großen Ereignis, egal ob gut oder schlecht, zücken alle ihre Handys und zeichnen es auf. Wie man sich persönlich dabei gefühlt hat, findet man raus, indem man alte E-Mails und WhatsApp-Nachrichten hervorkramt. Unsere Beobachtungsgabe ist vielleicht begrenzt, aber dennoch gibt es einen großen Unterschied zwischen der subjektiven Wahrnehmung oder wandelbaren Erinnerung (also der *Meinung*, wenn man denn so will) und der objektiven Faktenlage wie dem verwackelten Handy-Video oder der WhatsApp-Nachricht mit Zeitstempel.

Und da stimme ich prinzipiell zu: Aufzeichnungen aller Art sind das absolut beste Mittel gegen fehlerhafte Wahrnehmungen und Erinnerungen. Eine der grundlegendsten und wichtigsten Errungenschaften der Naturwissenschaft ist das Laborjournal: Davon gibt es unterschiedliche Konzeptionen, aber egal ob es auf Papier basiert oder als elektronisches Dokument in der Cloud sitzt, und egal ob es leere Seiten hat oder eine Tabelle zum Ausfüllen, alle Laborjournale haben eines gemeinsam: Sie sollen möglichst genau dokumentieren, was wann stattgefunden hat und unter welchen Randbedingungen. Ich persönlich kenne das vor allem aus zwei Zusammenhängen, einmal beim Bedienen des Kernspintomografen und dann beim Auswerten der daraus resultierenden Daten. In beiden Fällen war es so, dass unterschiedliche Forschende mit denselben Gerätschaften hantierten und schon allein daher genau verbuchen mussten, wann welche Einstellung verändert wurde oder ob irgendein rätselhafter Fehler aufgetreten ist. Aber auch wenn ein Labor nur aus einer Person besteht, würde ich ein jederzeit auffindbares und sauber geführtes Laborjournal erwarten. Denn: Wenn man sich ausschließlich auf die eigenen Sinne verlässt, und sei es nur bei Kleinigkeiten, dann betreibt man keine Naturwissenschaft.

Von daher ist ganz klar: Wir brauchen Aufzeichnungen. Nur ist das eben nicht ganz so einfach. Zum einen müssten wir nach dieser Logik als faktentreue Menschen alles ablehnen, was nur in unserer Erinnerung existiert. Und das wäre natürlich überzogen, denn wir alle erinnern uns an Dinge, die nie aufgezeichnet wurden und dennoch so stattgefunden haben, wie wir denken. Nur weil die Erinnerung nicht perfekt ist, nur weil sie nicht so zuverlässig ist, wie wir denken, heißt das noch nicht, dass sie nicht extrem wichtig ist. Andererseits gibt es bei der objektiven Aufzeichnung, der wissenschaftlichen Messung auch wieder eigene Probleme.

Aber was ist überhaupt der Unterschied zwischen einer Beobachtung und einer Messung?

Beobachtung und Messung

Fragt man nach der bedeutendsten einzelnen Beobachtung in der Geschichte der Naturwissenschaft, dann kommt unweigerlich Isaac Newton ins Spiel: Der soll – ihr kennt die Geschichte – unter einem Apfelbaum in England gesessen haben, als ihm ein Apfel auf den Kopf fiel und ihn zur Formulierung der Gravitationstheorie inspirierte. Wir lieben diese Erzählung. Teile der Wissenschafts-Community waren so begeistert von ihr, dass im Jahr 2010 ein

Stück Holz dieses Baums an Bord des Space Shuttle Atlantis mit ins All flog und zwölf Tage im Orbit verbracht hat. Sagenhaft.

Oder eher Sagen-haft, denn die Geschichte hat vermutlich sehr wenig mit der Realität zu tun. Bereits 1831 zweifelte ein Biograf Newtons an, dass sie je stattgefunden hat, und auch der entsprechende Baum selbst war damals bereits zerstört. Vermutlich war es eher so, dass Newton einfach in einem Garten saß und darüber nachdachte, ob die Kraft, die einen Apfel zu Boden fallen lässt, örtlich begrenzt ist oder überall im Universum gilt. Das ist schon etwas weniger aufregend. Wobei die tatsächliche Geschichte, wie Newton zu seinen Erkenntnissen über Gravitation gekommen ist, durchaus ihre Skurrilitäten aufweist: Ihr Anfangspunkt liegt bei dem dänischen Astronomen Tycho Brahe. Der führte Beobachtungen der Positionen und Bewegungen von Planeten durch, die so anschaulich und präzise waren, dass der deutsche Astronom Johannes Kepler daraus klare Regeln ableiten konnte. Newton schaute sich Keplers Ergebnisse an und schloss, dass man sie erklären konnte, indem man eine Anziehungskraft zwischen den Planeten annimmt. Die Gravitationstheorie war geboren und damit, wenn man so will, die Grundlage der modernen Naturwissenschaft.

Eigentlich ein ganz sauberer Ablauf, wo sind die Skurrilitäten? Die fangen damit an, dass erst kürzlich, ganze 411 Jahre nach seinem Tod, zehn Barthaare von Tycho Brahe neu untersucht wurden. Warum? Das hat mit einem fiesen Gerücht um Kepler zu tun. Dieser arbeitete mit Brahe zusammen, als der Däne plötzlich und unerwartet starb. Kepler konnte die gemeinsame Arbeit nun nach seinen eigenen Vorstellungen beenden und das veröffentlichen, was ihn zur Legende machte und Newton inspirierte: die Kepler'schen Gesetze über die Bewegungen der Planeten. Diese Situation – direkt auf ein unerwartetes Ableben folgt ein großer wissenschaftlicher Durchbruch – ließ bei manchen den Verdacht aufkommen, Kepler könnte den Dänen, mit dem er sich auch nicht immer gut vertrug, einfach vergiftet haben. Das klingt zumindest fürs Erste plausibler als die gängige Erklärung: Brahe soll bei einem Bankett in Anwesenheit des Kaisers aus Höflichkeit so lange nicht auf die Toilette gegangen sein, bis seine Blase geplatzt sei. So etwas ist zwar nicht unmöglich (es gab schon vereinzelte Fälle von gerissenen Blasen mit unklarer Ursache, und diese sind oft tödlich), aber es wirkt irgendwie auch wie vorgeschoben, oder? Sollte da etwa ein Mord vertuscht werden?

Um das aufzuklären, hat man Brahe und seine Frau 1901 exhumiert, genau 300 Jahre nach seinem Tod. Brahes Skelett war auch nach all dieser Zeit noch recht einfach zu identifizieren: Sein Schädel wies Kupferrückstände auf, da er seit einem Duell eine teils kupferne Nasenprothese getragen hatte. Grund dafür war, dass er einen Teil seiner Nase bei einem Duell verloren hatte. (Es waren einfach andere Zeiten damals, auch in der Wissenschaft.) Bei dieser Exhumierung wurden auch die genannten Barthaare aufgelesen, und als sie später, erst in den 1990er-Jahren, auf Giftstoffe untersucht wurden, kam die Sensation: Es wurden Rückstände von Quecksilber gefunden, einem potenten Gift, auf das Kepler einfachen Zugriff gehabt hätte. Ui! Unser geliebter Kepler ein kaltblütiger Attentäter? Die Entwarnung kam im Jahr 2012: Bei einer genaueren Untersuchung konnte man feststellen, dass es das Quecksilber im Bart zwar gab, aber an den äußeren Schichten der Haare, nicht in der Wurzel. Brahe hat die Substanz damit vermutlich bei seinen Experimenten aufgenommen und nicht durch Verschlucken von Gift. Die Autor:innen bestimmen in ihrer Studie nicht, woran Brahe tatsächlich gestorben sein soll, sprechen Kepler aber vom Vorwurf des Giftmordes eindeutig frei.

Um auf den eigentlichen Punkt zurückzukommen: Ich denke, wir sind uns einig, dass die Geschichte mit Newtons Apfel, sofern sie denn zutreffend wäre, eine *Beobachtung* beschreibt, wohingegen die Analyse von Quecksilberpartikeln in Barthaaren eine *Messung* darstellt. Wo genau die Grenze zwischen beiden Tätigkeiten verläuft, ist allerdings umstritten. Manche finden, es macht in der Naturwissenschaft überhaupt keinen Sinn, Beobachtung von Messung abzugrenzen. Andere sehen den Unterschied in der Quantifizierung. Soll heißen: Wenn ich das, was ich beobachte, in Einheiten übertragen kann (Zentimeter, Sekunden, Auftretenshäufigkeit), dann ist es keine Beobachtung mehr, sondern eine Messung. Diese Bestimmung gefällt mir persönlich ganz gut.

Vielleicht sollte man daher in diesem Zusammenhang weniger über Newton sprechen, dessen berichtete Beobachtung eher so etwas wie einen Heureka-Moment darstellte, und mehr über Charles Darwin. Der beschreibt Ähnlichkeiten zwischen Tieren und Pflanzen und ihrer Umgebung. Aus diesen Beobachtungen leitet er ab, dass bei den Lebewesen eine Entwicklung stattgefunden haben muss, die dabei half, sich besser an die Umgebung anzupassen; die Evolutionstheorie war geboren. So gesehen war also auch hier die reine, unverfälschte Beobachtung die Grundlage eines ganzen Wissenschaftszweigs, genauso wie bei der Bewegung der Planeten. Allerdings ist auch hier umstritten, ob sich diese wichtigen Ereignisse der Wissenschaftsgeschichte tatsächlich so wie berichtet abgespielt haben. Manche sehen Hinweise darauf, dass Darwin schon bestimmte vorgefertigte Ideen in die Beobachtungssituation mit eingebracht hat und erst im Nachhinein behauptete, vollkommen offen und sozusagen theoriefrei observiert zu haben. Ein Verdachtsmoment dafür ist, dass er anderen genau diese Vorgehensweise vorgeschlagen hat: »Lass die Theorie deine Beobachtungen leiten.«

Auf den Punkt, wie stark die bereits vorhandene Perspektive auf eine Beobachtung einwirken kann, soll oder muss, kommen wir später noch zu sprechen. Tatsache ist: Selbst wenn man die Forschung rein auf diese Beobachtungs-Messungen reduziert, also allein auf die Fälle schaut, bei denen in der Natur etwas von selbst stattfindet, das man einfach nur beobachten und aufschreiben muss, selbst dann vollbringt die Wissenschaft ganz erstaunliche Dinge. Ist euch zum Beispiel bekannt, dass es im größten See der Welt ein Teleskop gibt, das Teilchen beobachtet, die nahezu unmöglich zu beobachten sind? (Freddy wusste es zum Beispiel nicht.) Es mag etwas merkwürdig erscheinen, ein Weltraumteleskop so tief wie möglich unter Wasser zu bauen, aber gerade das macht den *Baikal Gigaton Volume Detector* (oder Baikal-GVD) so spannend: Wasser ist ein gutes Medium, um zu finden, was dieses Teleskop sucht. Je mehr Wasser man dabei beobachtet, umso besser. Daher hat man vom Oberflächeneis des Baikalsees aus eine riesige Anlage versenkt, die erst bei einer Tiefe von 700 Metern beginnt und bis in eine Wassertiefe von 1240 Metern hinabreicht. Unglaublich!

Finden will man mit diesem Gerät sogenannte Neutrinos: Teilchen, die meist aus dem All stammen und so klein, schnell und vom Gemüt her unbeteiligt sind, dass sie nur selten mit etwas reagieren und daher schwer zu messen sind – obwohl sie nach allem, was man weiß, in jedem Moment billionenfach durch uns hindurchfliegen. Im Roland-Emmerich-Film *2012* bricht mehr oder weniger die Welt auseinander, da die Neutrinos »zu einer neuen Art Teilchen mutiert« sind und dann eben doch sehr stark mit allem reagieren. So wie ich die Regeln der Physik verstehe, müssen wir uns allerdings keine Sorgen machen, dass das jemals passiert. Die eigentliche Frage ist: Wenn sie so schwierig zu beobachten sind, woher wissen wir dann, dass es sie überhaupt gibt? Warum kam man auf die Idee, einen Detektor dafür zu konstruieren und im Baikalsee zu versenken? (Wobei man hinzufügen muss, dass der riesige Baikal-GVD bei Weitem nicht das erste Neutrino-Teleskop ist.)

Es begann mit einem der witzigsten offenen Briefe in der Geschichte der Physik: Er ist auf den 4. Dezember 1930 datiert und beginnt mit den Worten »Liebe Radioaktive Damen und Herren«. Geschrieben wurde er von dem österreichischen Physiker Wolfgang Pauli, der ihn an seine Kolleg:innen auf einer Tagung in Tübingen schickte. Er schrieb ihn, weil ihn etwas umtrieb, das er »falsche Statistik« nannte. Kurz zusammengefasst kannte man damals einen Prozess, bei dem ein Teil der beobachteten Energie einfach zu verschwinden schien. Das lässt sich aber nicht mit dem Energieerhaltungssatz vereinbaren. Und weil der in der Physik so grundlegend ist, sollte man normalerweise davon ausgehen, dass man keinen Gegenbeweis gefunden, sondern sich einfach vertan hat.

Wenn aber erstens der Energieerhaltungssatz weiter Bestand hatte und zweitens die wiederholten Experimente immer wieder auf den rätselhaften Energieverlust zurückkamen, welches dritte Element blieb dann als Erklärung? Pauli schlug etwas vor, das er in dem Brief »einen verzweifelten Ausweg« nannte: die Existenz eines unbekannten Teilchens, das die fehlende Energie einfach mit sich nahm. Er gab ihm den Namen Neutron, weil es so überaus unbeteiligt durch die Gegend fliegen musste. »Ich gebe zu, dass mein Ausweg vielleicht von vornherein wenig wahrscheinlich erscheinen mag, weil man die Neutronen, wenn sie existieren, wohl schon längst gesehen hätte.« Und daher: »Ich traue mich vorläufig aber nicht, etwas über diese Idee zu publizieren.« Dennoch behielt er recht, wenn auch nicht mit dem Namen. Wenige Jahre nach dem Brief fand man ein anderes rätselhaftes Teilchen, das ebenfalls den Namen »Neutron« verdient hatte und daher auch so genannt werden sollte. Paulis Neutron hingegen wurde von dem italienischen Physiker Enrico Fermi auf die Verkleinerungsform »Neutrino« heruntergestuft, und so heißt es noch heute.

Wenn wir also die Schwächen unserer menschlichen Wahrnehmung etwas abfangen, indem wir *messen*, indem wir Fernrohr, Stift und Papier auspacken, indem wir Detektoren bauen und sie im See versenken, dann beobachten wir oft ganz erstaunliche Dinge. Ich denke dabei oft an das Zitat der Figur Doctor Manhattan aus dem Nerd-Comic-Klassiker *Watchmen*: »Ich habe Ereignisse gesehen, die so winzig und so schnell waren, dass man kaum behaupten kann, sie hätten überhaupt stattgefunden.«

Solche tollen Leistungen erbringt die Naturwissenschaft, und wenn dieses Buch ein reines Loblied auf die Wissenschaft wäre, könnten wir es dabei belassen. Aber wir müssen es uns auch ehrlich eingestehen, wenn die Dinge unklarer und komplizierter sind. Dazu gehen wir für einen Moment aus der Physik heraus und kommen zu einem Thema, über das niemand auf der Welt gern sprechen mag.

Problem 3. Die Straßenlaterne, oder: Wir können nur messen, was wir haben

Vor etwa zehn Jahren arbeitete ich noch komplett in der Hirnforschung. Mein damaliger Chef, Prof. Chris Patrick, hatte sich unter anderem einen Namen mit dem Studium der Psychopathie gemacht. Das ist die Kombination aus Gefühllosigkeit und Impulsivität, die üblicherweise Serienkillern nachgesagt wird. Allerdings gibt es über das Konzept so viele Missverständnisse, dass man ein eigenes Buch damit füllen könnte. Zum Beispiel gab es durchaus Serienmörder, denen keine besonders stark ausgeprägte Psychopathie nachgewiesen werden konnte. Die Beleidigung »Du bist psychopathischer als ein Serienkiller« ist daher ohne weiteren Kontext nicht sehr aussagekräftig. Und obwohl ich über Jahre in dem Labor geforscht habe, habe ich mich für meine Studien nie mit Mördern oder anderen Verbrechern beschäftigt, sondern vor allem nach den Ausprägungen von Dingen wie Angst oder Aggression innerhalb der normalen Bevölkerung geschaut.

Das Studium der Psychopathie ist daher gar nicht so aufregend, wie man es sich von außen vielleicht vorstellt. Dennoch wurde unser Labor mit überraschenden Anfragen konfrontiert. Einmal habe ich einen Anruf erhalten von einer Frau, die angab, eine Tochter von Charles Manson zu sein, und sie stellte mir Fragen über sein Gehirn. Und selbst mein Chef erhielt in diesem Kontext eine Anfrage, die ihn verdutzte. Ein befreundeter Forscher hatte die Idee, ein Lehrbuch über Nekrophilie herauszubringen, also über Sex mit toten Menschen. Es war ein ambitioniertes Projekt, das alle denkbaren Aspekte des Phänomens abdecken sollte, also rechtlich, moralisch, literarisch (man denke an Vampire), psychologisch und, ja, auch neuropsychologisch, wofür er an unser Labor herantrat.

Für mich schien das wie eine prima Gelegenheit: Themen, die noch nie jemand ordentlich bearbeitet hat, gibt es nur sehr selten, und die Neuropsychologie der Nekrophilie schien eines davon zu sein. Ich trat an einen Studierenden heran, der mich bei der Schreibarbeit hätte unterstützen können. »Never ever«, kam seine Antwort, »das will ich nicht in meinem Lebenslauf haben.« Also machte ich mich selbst daran, und im Jahr 2017 erschien mein Kapitel in dem Lehrbuch *Understanding Necrophilia – A Global Multidisciplinary Perspective*. Ich bin sehr froh, daran beteiligt gewesen zu sein, vor allem da mir das Projekt einige sehr spannende Kontakte verschafft hat.

Nun könnte man denken, dass sich das Kapitel von mir und meinem damaligen Chef um Untersuchungen der Gehirne von Menschen mit nekrophilen Neigungen dreht. Das Problem dabei wird allerdings direkt im ersten Satz des Texts benannt: »Bis heute wurden keine Studien veröffentlicht, die bildgebende oder psychophysiologische Verfahren benutzen, um Vorgänge zu untersuchen, die mit nekrophilem Verhalten in Verbindung stehen.« Es gibt also eigentlich keinerlei Grundlage, über das Thema zu sprechen. Ich habe das Kapitel dennoch geschrieben (es wurde sogar zu einem der längsten im Buch), weil ich darüber sprechen wollte, was man diskutieren kann, wenn man denkt, es gibt nichts zu diskutieren. Zum Beispiel behandele ich die Ergebnisse aus neuropsychologischen Studien zur Pädophilie, also der sexuellen Neigung gegenüber Kindern. Im Gegensatz zur Nekrophilie hat bei der Pädophilie die Gesellschaft ein sehr starkes Interesse daran, die Täter ausfindig zu machen und eingehend zu untersuchen, um zukünftige Straftaten möglichst zu verhindern oder, falls das nicht geht, zumindest nach der Tat effektiver aufzudecken. Sowohl Nekrophilie wie auch Pädophilie fallen unter die Paraphilien; damit bezeichnet man im weitesten Sinn untypische sexuelle Interessen. Und da man davon ausgehen kann, dass es zwischen diesen beiden Paraphilien Ähnlichkeiten im Gehirn geben sollte, versucht sich das Kapitel an informierten Mutmaßungen darüber, was man bei Nekrophilie finden könnte, wenn es einmal entsprechende Studien geben sollte.

Mithilfe solcher Stützen wird am Ende ein Modell darüber präsentiert, wie man sich die Mechanismen hinter der Nekrophilie im Gehirn vorstellen könnte. Das müsste dann jemand (bitte möglichst jemand anderes als ich) experimentell bestätigen, indem Menschen mit nekrophilen Neigungen in einen Magnetresonanztomografen (MRT) gelegt und untersucht werden. Nach Möglichkeit sollten das nicht nur Leute sein, die wegen nekrophiler Straftaten verurteilt wurden und für juristische Zwecke untersucht werden; denn eine solche Studie würde nur die Extremfälle beschreiben. Nach allem, was wir über sonstige Paraphilien wissen, sollte der »Normalfall« der Nekrophilie eine Person sein, bei der sich diese Neigung vorrangig im Kopf abspielt. Sie wird also entweder gar nicht ausgelebt oder nur im Kontext von so etwas wie Rollenspielen in sexuellen Beziehungen.

Aber ich gehe sehr davon aus, dass es eine solche Studie zu meinen Lebzeiten niemals geben wird. Warum? Weil das voraussetzen würde, dass sich Leute mit nekrophilen Neigungen, die sie entweder ausleben oder nicht, freiwillig auf eine Ausschreibung von Psycholog:innen oder Hirnforscher:innen melden, um sich für eine kleine Aufwandsentschädigung befragen und durchleuchten zu lassen. Und ich weiß nicht, warum sie das tun sollten, wenn man bedenkt, wie groß das Stigma gegenüber Nekrophilie in der Gesellschaft ist. Man kann ja nie zu einhundert Prozent ausschließen, dass man mit der Teilnahme aus Versehen seine Neigungen an die Öffentlichkeit bringt, zum Beispiel wenn man auf dem Weg zum Labor von Freunden gesehen wird. Und die Teilnehmenden selbst haben von so einer Studie nichts außer etwas Geld und vielleicht einem Gefühl der Befriedigung der eigenen Neugier, also warum das Risiko eingehen?

Die Neuropsychologie steht damit vor einem ähnlich verschlossenen Tor wie damals die Teilchenphysik mit den Neutrinos. Der Psychologie ist längst bekannt, dass manche Menschen sexuelle Interessen haben, die anderen Schaden zufügen oder für sie selbst eine Qual sind. Unter diesem Aspekt wurden manche Paraphilien schon lange untersucht. Aber was ist mit den Leuten, die unter ihren sexuellen Neigungen leiden, aber kein Verbrechen begehen und – aus welchen Gründen auch immer – keine Hilfe aufsuchen? Diese Menschen sind für die Forschung unsichtbar. Wie bei den Neutrinos kann man nur sekundäre Hinweise dafür finden, dass es sie gibt. Im Internet finden inzwischen bestimmt manche in anonymen Online-Gruppen zusammen, aber sicherlich nicht alle. Daher können wir zumindest mutmaßen: Für jedes sexuelle Interesse wird es eine uns unbekannte Zahl von Personen geben, denen es in irgendeiner Form zu schaffen macht und auf die die Forschung keinen Zugriff hat.

Man könnte fragen: Warum ist es überhaupt wichtig, über diese Menschen Bescheid zu wissen? Gut, zum einen, weil denen geholfen werden könnte, die einen Leidensdruck spüren. Damit das stattfinden kann, müssten vor allem die Hürden aus dem Weg geschafft werden, die sie davon abhalten, bestehende Hilfsangebote in Anspruch zu nehmen. Vielleicht sind diese Angebote zu unbekannt, oder zu teuer, oder zu weit entfernt, oder es ist für die Menschen zu sehr mit einem Stigma behaftet, überhaupt psychologische Hilfe anzunehmen.

Dann gibt es auch noch die, die untypische sexuelle Interessen haben oder ausleben, ohne dass dabei sie selbst oder irgendjemand sonst ein Problem haben. Für die psychologische Forschung wäre das immer noch interessant, da jedwedes menschliche Erleben und Verhalten interessant für sie ist, aber aufgrund der fehlenden gesellschaftlichen Relevanz ist die Motivation, diese Menschen zu untersuchen, etwas geringer. Spannend ist hier, dass die Wissenschaft von einem kulturellen Wandel profitieren kann: Masturbation,

Homo- oder Bisexualität und einvernehmliche BDSM-Praktiken gehören zu den Dingen, die früher stark stigmatisiert waren und inzwischen einfach über Fragebögen erhoben werden können, da die Teilnehmenden keine Hemmungen mehr haben müssen, Informationen dazu preiszugeben. (Es sind und bleiben natürlich intime Themen, die mit der notwendigen Diskretion erfragt werden müssen.)

Und wenn wir – gesellschaftliche Faktoren einmal ganz beiseitegeräumt – alle diese Menschen einfach in den Hirnscanner legen könnten und auf diese Art erfahren, welche sexuellen Neigungen oder Interessen sie haben? Schließlich würde man die entsprechenden Areale im Gehirn dann direkt aufleuchten sehen und die Personen danach einteilen können. Problem gelöst! Nur dass dieser Annahme ein grundlegendes Missverständnis über neuropsychologische Messungen zugrunde liegt: Wir erfahren durch sie im Grunde immer nur mehr über das, was wir ohnehin schon kennen.

Dazu ein ausgedachtes Beispiel: Stellt euch vor, das Maßband wäre eine brandneue Erfindung und wir hätten erst seit wenigen Jahren die Möglichkeit, Körpergrößen zu messen. Dann könnten wir Schlag auf Schlag einige erstaunliche Befunde berichten: Zum Beispiel, dass professionelle Basketballspieler:innen überdurchschnittlich groß sind. Und es würde sich auch ein ziemlich verlässlicher Geschlechterunterschied zeigen: Das Statistische Bundesamt führt Buch über die Körpergröße seiner Bevölkerung. Derzeit zeigt sich, dass Menschen, die dort als Männer registriert sind, ein überraschendes Stück größer sind als die, die als Frauen eingetragen sind: Durchschnittlich sprechen wir da von 178,9 cm bei Männern und 165,8 cm bei Frauen.

Stellt euch weiter vor, dass manche Wissenschaftler von diesen neuen Entdeckungen begeistert sind und immer neue Artikel darüber veröffentlichen: »Körpergröße beeinflusst Verhalten!« (klar, zum Beispiel ob man das oberste Fach des Küchenschranks verwendet oder eine Karriere als Jockey beginnt), »Größere Männer wirken attraktiver!« (wird immer mal wieder in neuen Umfragen nachgewiesen), »Körpergröße ist zu einem großen Teil genetisch bedingt!« und so weiter.

Jetzt kommt aber ein Artikel um die Ecke, der euch stutzig macht: »Körpergröße kann Geschlecht vorhersagen!« Da kratzt ihr euch am Kopf: Wie soll das gehen, und was soll »vorhersagen« in diesem Fall heißen? Also schaut ihr euch das Paper an. Die »Vorhersage« ist statistisch gemeint, die eigentliche Frage lautet: »Wenn wir keine andere Information über jemanden haben als die Körpergröße, können wir dann auch das Geschlecht dieser Person bestimmen?« Es geht nur darum, mehr über den Zusammenhang verschiedener Variablen zu erfahren. Und jetzt sagt dieser Wissenschaftler eben: Da es so einen deutlichen Geschlechterunterschied in der Körpergröße gibt, können wir nur über dieses Maß das Geschlecht einer Person bestimmen.

Der Grund, warum euch das stutzig macht, ist, dass das im Alltag ganz offensichtlich nur schlecht funktionieren würde. Wenn euch jemand sagt: »Ich bringe heute Abend eine befreundete Person mit, sie ist 171 Zentimeter groß, damit weißt du ja, welches Geschlecht sie hat«, dann wisst ihr aus Erfahrung, dass das nicht so einfach ist. Klar, jemand über zwei Meter wird wahrscheinlich eher ein Mann sein und umgekehrt eine sehr kleine Person eher eine Frau. Aber da sprechen wir bereits von Wahrscheinlichkeiten, die uns im Einzelfall nicht weiterhelfen. Statistisch ist der Papst Chinese – soll heißen: Wenn wir von einer allgemeinen Statistik auf einen Einzelfall schließen wollen, stolpern wir dabei oft (in der Statistik wird das etwas professioneller als »N = 1 Problem« bezeichnet). Und dieses Problem haben wir bereits bei den Extremfällen, also bei sehr großen oder sehr kleinen Menschen. Weiter im Mittelfeld, also zum Beispiel bei den genannten 171 Zentimetern Körpergröße, tummeln sich so viele Menschen jedweden Geschlechts um diesen Messpunkt, dass wir keinerlei sinnvolle Entscheidungsbasis mehr haben.

Wir stellen fest: Die Körpergröße ist ein spannendes Forschungsfeld, bei dem wir diskutieren können, wie sie entsteht und welche Auswirkungen sie auf Erleben und Verhalten haben könnte. Aber selbst wenn wir eindeutige Unterschiede zwischen Gruppen von Menschen erkennen können – wie den klar nachweisbaren Geschlechterunterschied –, wäre es dennoch ein sehr wenig sinnvoller Umkehrschluss, die Menschen auf Basis der Körpergröße einzuteilen.

Damit wären wir beim Kernproblem der Hirnforschung. Wenn man in diesem letzten Absatz das Wort »Körpergröße« durch »Hirnaktivität« ersetzt, trifft alles darin Gesagte immer noch zu. Selbst wenn wir tonnenweise Daten zur Hirnaktivität bei unterschiedlichen Paraphilien hätten, sollten wir extrem skeptisch sein, jemandem aufgrund der gemessenen Hirnaktivität eine Paraphilie zu diagnostizieren (die in der echten Welt ernsthafte Konsequenzen haben kann).

Gerade vor Gericht wird die Frage nach den harten Fakten interessant, denn »Nichts als die Wahrheit« funktioniert nicht, wenn die Faktenlage nicht ausreichend definiert ist. Aber unter diesem Gesichtspunkt wird es für die Neurowissenschaft im Gerichtssaal schwierig. Über die beschriebenen Probleme in der Interpretation hinaus ist die Datenlage selbst problematisch. Hirnscans sind teuer und das Gehirn ist komplex, und diese Kombination führt dazu, dass viele Studien in diesem Bereich nicht die Zahl von Teilnehmenden haben, die sie bräuchten, um Zusammenhänge im Gehirn über jeden Zweifel nachzuweisen. Ein kürzlich erschienener Artikel zum Thema zieht besorgniserregend Bilanz darüber, wie leicht neurowissenschaftliche Ergebnisse vor Gericht zu falschen Positiven führen können, und gibt Empfehlungen, um dafür zu sorgen, dass diskutierte Befunde in Zukunft möglichst zuverlässig sind: Man soll sich nicht auf eine einzelne Studie verlassen, sondern es muss mindestens zwei Studien zum gleichen Thema geben mit identischer Methode, aber unabhängigen Stichproben. Alle diese Studien müssen eine ausreichende Zahl von Teilnehmenden aufweisen (wie viele, das wird für jede Methode separat statistisch bestimmt), und es müssen auch alle Studien gesucht und genannt werden, die bei der gleichen Methode zu einem anderen Ergebnis gekommen sind.

Gerade der letzte Punkt wird allzu gern aus dem Blick verloren: dass wir nach Ergebnissen zu suchen haben, die unserem Lieblingsbefund oder unserer eigenen Annahme widersprechen, ohne dabei weniger glaubwürdig oder zuverlässig zu sein. Das ist so wichtig, dass wir später noch mal darauf zu sprechen kommen werden.

Das Beispiel der Paraphilien zeigt auf, dass es manchmal Dinge gibt, die wir gern beobachten oder messen würden, die aber einfach zu schwer zu finden sind. Entweder sie reagieren nicht auf unsere Aufrufe, an Versuchen teilzunehmen (so wie die Leute mit geheimen nekrophilen Interessen), oder sie reagieren einfach überhaupt nicht wirklich auf irgendwas im Universum (so wie die Neutrinos). Unsere Messungen sind dadurch beeinträchtigt, dass wir nur das messen können, was wir haben – unser *Problem 3*. Das sollte eine sehr offensichtliche Erkenntnis sein, im Alltag jedoch lässt sie uns gern bei der Faktensuche scheitern. Sinnbildlich sind wir oft der Betrunkene, der unter dem Licht der Straßenlaterne nach seinen Wohnungsschlüsseln sucht – nicht, weil er sie dort verloren hat, sondern weil es anderswo zu dunkel ist.

Sex im Magnetfeld

Das Problem erinnert an eine etwas lustigere Studie, die ebenfalls mit Sexualität und mit MRT-Scannern zu tun hat. In den 1990er-Jahren setzte sich eine Forschungsgruppe zum Ziel, körperliche Reaktionen auf penetrativen Sex und Orgasmus zu messen. Dazu wurde dasselbe Gerät verwendet, das ich vorhin als »Hirnscanner« bezeichnet habe: ein Magnetresonanztomograf. Den muss man nicht unbedingt fürs Gehirn verwenden und auch nicht unbedingt, um Aktivität zu messen. Im Gegenteil, wenn man nicht gerade wie ich aus der Neurowissenschaft kommt, dann kennt man das Gerät eher von Messungen der Körperstruktur, also zum Beispiel ob ein Knochen gebrochen ist oder ob sich irgendwo ein Tumor gebildet hat. In dem Fall aus den Neunzigern sollte mit derselben Methode untersucht werden, »ob frühere und heutige Ideen über die Anatomie während Geschlechtsverkehrs und während weiblicher sexueller Erregung auf Annahmen oder auf Fakten beruhen«.

Wer schon mal in einer MRT-Röhre lag, kann sich bewusst machen, wie herausfordernd dieses Unterfangen gewesen sein muss. In so einem Gerät hat man sehr wenig Platz – so wenig, dass manche erst in dieser Röhre feststellen, dass sie ein Problem mit zu eng begrenzten Räumen haben. Außerdem ist der Raum oft kalt und das Gerät ist sehr laut. Die Liege, die für ein bescheidenes Maß an Bequemlichkeit sorgen soll, musste für diesen Versuch aus Platzgründen abmontiert werden.

Für die allermeisten Paare entsprechen diese Bedingungen nicht ihrem romantischen Ideal für den Geschlechtsverkehr. Daher gab es bei den meisten Teilnehmenden Probleme; unter anderem hatten die Männer Schwierigkeiten, ihre Erektion so lange aufrechtzuerhalten, wie für die Aufnahme eines klaren MRT-Bilds nötig war. Damit war hier eine Dauer von mindestens 12 Sekunden gemeint. Glücklicherweise fand die Studie kurz nach dem Zeitpunkt statt, an dem ein neues, effektives Mittel gegen Erektionsstörungen zugelassen wurde, von den Autor:innen der Studie etwas unprofessionell als »Geschenk des Himmels« bezeichnet. Zwei Paare waren mithilfe dieser pharmazeutischen Unterstützung in der Lage, die gewünschte Leistung zu erbringen. Interessanterweise gab es nur ein Paar, das keinerlei Schwierigkeiten mit dem Konzept hatte, das also auch ohne chemischen Beitrag Sex im Scanner haben konnte. Bei den beiden handelte es sich um Straßenkünstler. Die Vermutung im Artikel ist, dass sie durch ihren Beruf gewohnt waren, ihre Körper auch unter widrigen Bedingungen und den durchdringenden Augen eines Publikums perfekt unter Kontrolle zu halten.

Mit der Studie sollte eine Aussage über normales sexuelles Verhalten bei heterosexuellen Paaren getätigt werden. Man muss allerdings davon ausgehen, dass sich vor allem außerordentlich neugierige oder abenteuerlustige Paare auf den Aufruf zur Studie gemeldet haben. Und selbst unter dieser Gruppe haben nur die besonderen Fälle die Studie zu Ende gebracht. Was bedeutet, dass eine Extremgruppe untersucht wurde. Statt über alle Paare hat man nur eine Aussage über Straßenkünstler:innen oder Nutzer von Potenzmitteln getroffen. In diesem Fall hat das keinen Unterschied gemacht: Auch die härtesten Kritiker dieser Studie – sofern es welche gibt – müssen zugestehen, dass die grundlegende Anatomie bei diesen Menschen vermutlich wunderbar vergleichbar ist mit der von anderen gesunden Menschen in ähnlichem Alter. Daher hat zwar auch diese Studie nur im Lichtkegel der Straßenlaterne gesucht, aber dennoch einen passenden Schlüssel gefunden. Hätte stattdessen die Psychologie von Sex im Vordergrund gestanden, könnte man nicht wissen, ob sich die Befunde in irgendeiner Weise vom Scanner ins Schlafzimmer übertragen lassen.

Ein Sonderfall des Phänomens, dass wir nur messen können, was wir auch haben, ist der *Survivorship Bias*. Der wird häufig an zwei Beispielen erzählt, die beide mit den Weltkriegen zu tun haben. Meistens hört man dazu folgende Geschichte: Als die britische Luftwaffe im Zweiten Weltkrieg ihre Bomber über Deutschland geschickt hat, war die deutsche Luftabwehr die größte Gefahr: Sie schoss etliche von ihnen vom Himmel. Bei der Reaktion darauf standen die Briten vor einem Dilemma. Zwar hatten sie die Möglichkeit, die Panzerung ihrer Bomber widerstandsfähiger gegen Beschuss zu machen, aber damit würde das Gewicht erhöht und die Geschwindigkeit und Wendigkeit der Flugzeuge beeinträchtigt – was sie wiederum auf andere Art verwundbarer macht. Im Idealfall würde man die Flugzeuge nur dort besser panzern, wo sie auch wirklich getroffen werden.

Der Legende nach hat man bei den zurückkehrenden Flugzeugen geschaut, wo sie getroffen wurden, zum Beispiel an den Flügeln eher als am Rumpf, und dann eben diese Areale verstärkt. Die Geschichte geht damit weiter, dass ein findiger Statistiker namens Abraham Wald einen fatalen Fehler bei dieser Strategie gefunden haben soll: Wenn man diese Entscheidung nur auf Basis der zurückkehrenden Bomber fällt, dann verstärkt man genau die falschen Stellen. Denn offensichtlich sind es gerade die *anderen* Treffer, die dafür sorgen, dass ein Flugzeug gar nicht erst zurückkehrt. Man müsste also genau die Teile des Flugzeugs besser schützen, die *keine* Einschusslöcher aufweisen, in der Annahme, dass die Treffer, die dort landen, einen tödlichen Ausgang nehmen.

Das ist zwar ein wunderbares Beispiel für diesen Bias, hat sich aber leider vermutlich nicht so abgespielt. Nach allem, was sich heute sagen lässt, war der Royal Air Force das grundsätzliche Problem des *Survivorship Bias* durchaus bekannt. Der clevere und wertvolle Beitrag von Wald war es, dieses Problem in mathematischen Formeln auszudrücken. Mit deren Hilfe ließen sich Fragen beantworten wie: Wenn wir 400 Flugzeuge rausschicken, und davon kehren 320 zurück, inwieweit sind die beobachteten Schäden dann mehr oder weniger informativ als wenn nur zwei von ihnen mit diesen Schäden zurückkehren? In anderen Worten: Walds Aufgabe war es, den Radius und die Helligkeit des Lichtkegels der Straßenlaterne auszuwerten. Es war die mathematische Anerkennung der Tatsache, dass wir nur messen können, was wir haben.

Zu den überraschend weitreichenden militärtechnologischen Innovationen während des Ersten Weltkriegs – und das ist mein zweites Beispiel – zählt der Stahlhelm beziehungsweise im weiteren Sinn der Schutzhelm aus Metall. Bei Kriegsbeginn bestanden die Kopfbedeckungen der europäischen Armeen aus Filz, Leder oder sehr dünnwandigem Metall, das keinen nennenswerten Schutz gegen die neue Kriegsmaschinerie bot. Die Kriegsteilnehmer führten den Stahlhelm zu unterschiedlichen Zeitpunkten ein und schauten sich seine Effektivität sozusagen voneinander ab. Und es hält sich bis heute das Gerücht, dass man am Anfang dachte, er würde den Soldaten eher schaden als helfen, da es nach seiner Einführung plötzlich viel mehr Kopfverletzungen gab als vorher. Aber auch das war der *Survivorship Bias:* Der Grund für die größere Zahl an Verwundeten war schlicht und einfach, dass sie mit Problemen ins Lazarett kamen, an denen sie vor der Einführung des Stahlhelms noch auf dem Schlachtfeld gestorben wären. Im Gegensatz zur Legende wurde aber auch das damals bereits gut verstanden. Die früheste Quelle, die ich dazu finden konnte, ist bereits von Ende 1916, also mitten aus dem Krieg, und beschreibt, dass die Zahl der Kopfverletzungen seit Einführung der Helme beträchtlich zugenommen habe, da viele der Verletzten zuvor auf der Stelle an ihnen gestorben seien. Wie so oft waren die Menschen in der Vergangenheit nicht ganz so doof, wie wir vermuten.

Die Forschungszweige der Naturwissenschaft, die sich am besten mit dem Kegel unter der Straßenlaterne auskennen, sind Archäologie und Paläontologie. Das wird immer dann besonders deutlich, wenn vom »ältesten Fund« die Rede ist: der erste Dinosaurier, das erste zeremonielle Begräbnis, das erste Werkzeug. Da man immer nur messen kann, was man sieht, gibt es ständig wieder ein älteres Exemplar zu finden, sodass wir uns irgendwann etwas veräppelt vorkommen, wenn *noch mal* eine älteste Höhlenzeichnung der Welt gefunden wird. Daran hat aber nicht die Wissenschaft selbst Schuld, sondern eher unser Umgang damit: Uns Menschen ist es überzogen wichtig zu wissen, wie lange wir schon »richtige Menschen« sind, also wann wir begonnen haben, wie heutige Menschen auszusehen oder uns wie heutige Mitglieder einer organisierten Zivilisation zu verhalten.

Dabei führt diese Art zu denken häufig zu einem großen Missverständnis: Viele Veränderungen in der Vergangenheit der Natur sowie in unserer eigenen Vergangenheit gingen sehr viel langsamer und gradueller vonstatten, als wir uns das gemeinhin vorstellen. Es scheint, als wären die Menschen sehr plötzlich auf solche Ideen gekommen wie Ackerbau, Städte, Schrift oder Geld und als hätten sich diese Konzepte dann aufgrund ihres Nutzens gleich durchgesetzt. Dabei sieht es mehr und mehr danach aus, dass diese Entwicklungen sehr viel langsamer und auch chaotischer waren. Beim Aufkommen von Städten etwa scheint es vom einzelnen Beispiel oder von den genauen Gegebenheiten der jeweiligen Region abhängig gewesen zu sein, ob man sich schnell oder langsam zusammengefunden hat und ob die erste große Ansammlung nachhaltigen Bestand hatte oder nicht. Mir gefällt diese Formulierung von Geografieprofessoren zum Thema: »Die historische Geografie der frühesten Städte ist wie das Sprießen und Verschwinden von kleinen Punkten, die sich über riesige Landmassen verteilen.« Nur ist uns das oft nicht bewusst. Das Bedürfnis nach klaren Kategorisierungen führt dazu, dass uns Geschichte im Nachhinein wie ein vergleichsweise gerader Weg von A nach B erscheint. Es wäre viel empfehlenswerter, Historie als die graduelle und relativ ungeordnete Ansammlung von Ereignissen zu akzeptieren, die sie vermutlich ist.

Zumal die Suche nach dem ultimativen »ältesten Fund« ohnehin müßig ist. Jeder »älteste Fund« sollte grundsätzlich als der »älteste bisher bekannte Fund« gekennzeichnet werden. Die Expert:innen in den entsprechenden Gebieten machen das normalerweise auch sehr zuverlässig, aber bei der Berichterstattung in den Medien wird es damit meist schon etwas wackeliger und es werden zum Teil haltlose Behauptungen aufgestellt. Für diejenigen, die diese Forschungsfelder nur von außen beobachten und einfach gern mehr über unsere Ursprünge wissen würden, ist die Moral dieser Geschichte klar: Macht euch nicht zu viele Gedanken darüber, wann etwas das erste Mal passiert ist, denn die Grenzen sind meist sehr viel schwammiger, als ihr denkt.

Problem 4. Das Phantom, oder: Wir hinterfragen unsere Methoden nicht

Bislang haben wir uns über Fälle unterhalten, in denen die beobachteten oder gemessenen Daten nur dadurch unzuverlässig wurden, dass sie schwer zu erfassen waren. Bei dem Fall, der jetzt folgt, war das wissenschaftliche Problem ein klein wenig anders, aber nicht weniger brisant. Es begann im April 2007, als in Heilbronn die Polizistin Michèle Kiesewetter zusammen mit einem Kollegen Pause machte und offenbar ohne Vorwarnung von hinten erschossen wurde.

Moment, an dieser Stelle erst noch ein wichtiger Einschub: »Es begann« trifft hier nur auf die spezielle Geschichte zur wissenschaftlichen Faktenfindung zu. Tatsächlich war dieses Verbrechen nicht der Beginn, sondern das Ende einer Mordserie: Wie sich später herausstellte, war der Mord die Tat zweier Männer aus dem »Nationalsozialistischen Untergrund« (NSU). Zuvor hatten sie bereits über Jahre hinweg aus rassistischen Motiven in mehreren deutschen Städten acht Menschen mit Migrationshintergrund getötet. Dazu kamen 15 Raubüberfälle und zwei Sprengstoffanschläge. Und als wären die Taten an sich nicht schon schockierend genug, stellte sich später heraus, dass die Mitglieder des NSU nur deswegen so lange und ungestört morden konnten, weil es massive Ermittlungsfehler bei der Polizei gab.

Die Lektüre der Beschlussempfehlung des entsprechenden Untersuchungsausschusses, ein öffentlich zugängliches Dokument mit knapp 1400 Seiten, lässt einem den Mund offen stehen. Der Ausschuss sagt klar, dass »eine Vielzahl gravierender Fehler und Versäumnisse festgestellt« wurden, und zwar auf allen Ebenen, unter anderem Länder, Bund, Polizei, Justiz und Verfassungsschutz. Besonders hart schlägt diese Schlussfolgerung ein: »Strukturelle rassistische Vorurteile waren eine wesentliche Ursache für die fehlende Offenheit der Ermittlungen zu den Morden und Sprengstoffattentaten des NSU.« Der Vorwurf ist hier, dass manche der Ermittelnden durch den eigenen rassistischen Bias geblendet waren und daher vor allem im Umfeld der Opfer nach den möglichen Tätern suchten. Spuren, die auf weiße deutsche Täter hinweisen konnten, wurden dabei ignoriert oder nicht ausreichend weiterverfolgt, selbst in einem Fall, wo eine Augenzeugin einen Täter mit den Worten »Der war es!« auf einem Video wiedererkannt hatte. Obwohl diese Aussage »eine der heißesten Spuren« war, wurde sie nicht weiterverfolgt. Das wäre so ein Beispiel für den Fall weiter oben, wo es um die Verlässlichkeit von Augenzeugenberichten ging: Bei all ihren Schwächen sollten solche Aussagen nicht einfach abgetan oder ignoriert werden.

Die, die diese Verbrechen begangen haben, sind inzwischen in Haft oder durch Suizid gestorben. Aber aus meiner Sicht haben wir in Deutschland diese Taten und das Versagen unserer Sicherheitsbehörden noch bei Weitem nicht ausreichend verarbeitet.

Zurück zum Mord in Heilbronn 2007. Damals wusste man noch nichts von einer Terrororganisation im Untergrund, und es gab auch keine Zeugenaussagen. Der schwer verletzte Überlebende, Kiesewetters Kollege, hatte keine Erinnerungen an die Tat. Man konnte also nur Mutmaßungen über den Tathergang anstellen und nach DNA-Spuren suchen. Die fand man auch und kam zu einer schockierenden Erkenntnis: Man war auf Genmaterial einer Person gestoßen, die der Polizei längst bekannt war. Dem Genprofil war abzulesen, dass es eine Frau sein musste, und ihre DNA war insgesamt von vierzig verschiedenen Tatorten bekannt, die sich über Deutschland, Österreich und Frankreich verteilten. Die Verbrechen, die man ihr zuschreiben konnte, erstreckten sich mehr als zehn Jahre in die Vergangenheit und umfassten zahlreiche Diebstähle und Einbrüche sowie zwei versuchte und drei vollendete Morde. Sie wurde polizeilich »UWP« genannt, für »unbekannte weibliche Person«, aber in der Öffentlichkeit und den Medien nannte man sie das Phantom. Manche ihrer Straftaten machten vielleicht noch etwas Sinn, wie

Einbrüche in Lauben und Wohnwagen, die offenbar als Schlafstätte auf der Flucht verwendet wurden, wie man es von einem Phantom erwarten würde.

Anderes machte wiederum überhaupt keinen Sinn: Von manchen der Verbrechen wusste man, dass keine Frau daran beteiligt war. Gut, nicht alle, die einen weiblichen Genotyp haben, haben auch einen weiblichen Phänotyp; soll heißen: Manchmal widerspricht das Geschlecht nach DNA-Analyse dem, wie der Körper einer Person aussieht. Ein Beispiel dafür wäre ein »XX-Mann«: Üblicherweise haben cis-Männer ein Y-Chromosom, aber ein XX-Mann hat den Chromosomensatz, den man sonst von cis-Frauen kennt. In den meisten Fällen ist die Ursache, dass das SRY-Gen, das vornehmlich für die Ausbildung eines männlichen Erscheinungsbilds verantwortlich und üblicherweise im Y-Chromosom zu Hause ist, aus Versehen auf das X-Chromosom gerutscht ist. Diese Vorstellung mag aus mehreren Gründen überraschen. Zum einen ist es etwas amüsant, dass das Gen, das vor allem fürs Mann-Werden zuständig ist, »SRY« heißt. Das steht eigentlich für »sex-determining region of Y (chromosome)«, aber heute mit dem Internet klingt es wie die Abkürzung für »Sorry« (so wie in »Sorry, bist leider ein Mann geworden«). Zum anderen erscheint merkwürdig, dass Gene einfach so hin- und herspringen können. Es kommt in der Tat auch nicht sehr oft vor, ist aber eines von vielen Merkmalen dafür, dass unsere Körper, einschließlich unserer Geschlechtsausbildung, bei Weitem nicht so starr und vorbestimmt sind, wie es uns manche reaktionären Rechten erzählen wollen.

Aber nicht nur das wahrgenommene Geschlecht des Phantoms gab Rätsel auf, sondern auch die Art mancher Verbrechen. Es waren offensichtlich spontane Taten dabei, aber auch welche, die üblicherweise als Auftragsarbeit durchgeführt werden. »Von sehr organisiert bis ziemlich planlos reicht die Bandbreite«, meinte einer der Ermittler damals. Für psychologische Profiler ist so ein desorganisiertes Verhalten der Super-GAU, denn die suchen nach Mustern.

Diese Dynamik hat überraschend viel mit der zwischen Batman und dem Joker gemeinsam: Bruce Wayne, der Superhelden-Milliardär im Fledermauskostüm, ist in den Comics auch als »der Große Detektiv« bekannt. Obwohl das in den Filmen meist nicht groß thematisiert wird, war sein erster Auftritt in einer Veröffentlichung namens *Detective Comics*, und er hat auch schon Sherlock Holmes getroffen. Aber während Holmes' Erzfeind Moriarty genau deswegen gefährlich ist, weil sich die Schärfe seines Verstands mit dem des Detektivs messen lassen kann, ist es beim Joker seine Tendenz zum Chaos, die ihn zur größten Herausforderung für den Helden macht. Analytisches Vorgehen und das Ergründen von Motivationen sind nutzlos, wenn jemand geschnappt werden soll, der eine Bank überfällt und das Geld dann anzündet. Und genau aus diesem Grund konnte auch über das Phantom nur sehr wenig gesagt werden. Knapp zwei Jahre nach Heilbronn waren die einzigen Vermutungen, dass es zwischen 20 und 50 Jahre alt war, sehr mobil war und Verbindungen zur Drogenszene haben musste.

Dann gab es endlich einen Weckruf, als die DNA des Phantoms an einem Ort gefunden wurde, wo sie unmöglich sein konnte: Sie tauchte auf, als der verkohlte Leichnam eines Mannes identifiziert werden sollte, der bereits seit Jahren vermisst wurde und dessen DNA lange Zeit in einer Akte gelegen hatte. Die DNA wurde erneut getestet, und bei diesem zweiten Mal verschwand der Verweis auf das Erbgut des Phantoms. In der Forschung würde man das eine Replikation nennen: eine Untersuchung desselben Phänomens mit derselben Methode. Dass das in diesem Fall zu einem anderen Ergebnis führte, ließ »den begründeten Schluss« zu, dass mit den verwendeten Materialien etwas nicht stimmen konnte. Es kam unmittelbar der Verdacht auf, die DNA des Phantoms könne in Wirklichkeit von einer Mitarbeiterin der Firma stammen, die die Wattestäbchen und andere Materialien für die Aufnahme und Lagerung der Gewebeproben herstellte. Dieser Hersteller betrieb schnellen Selbstschutz: Da ihre Wattestäbchen nicht für DNA-Analytik ausgelegt waren, hatten sie nie den Anspruch, DNA-frei ausgeliefert zu werden.

Spannenderweise war der Verdacht auf verunreinigtes Untersuchungsmaterial schon vorher aufgekommen, um das musterlose Verhalten des Phantoms zu erklären: Ein Gerichtsmediziner empfahl, zumindest nachzuprüfen, ob die Materialien in allen Fällen von derselben Firma stammten. Ein Sprecher des Landeskriminalamts wies diese Möglichkeit zurück: Schließlich würde man regelmäßig sogenannte Blindproben durchführen, bei denen anstelle einer echten Gewebeprobe nur Wasser untersucht wird. Taucht dann doch ein Genprofil auf, dann weiß man, dass es sich um eine Verunreinigung gehandelt hat. Tatsächlich ist das eine gute Methode, um mit diesem Problem umzugehen; die Tatsache, dass man dennoch über Jahre einem Phantom nachjagte, kann eigentlich nur daher rühren, dass man diese Proben in Wahrheit entweder gar nicht oder nicht häufig genug durchgeführt hat. So oder so: Die Verlässlichkeit der Methode wurde nicht ausreichend hinterfragt, und das Resultat war eine jahrelange Jagd ins Nichts. Womit das *Problem 4* beschrieben wäre: Wir hinterfragen unsere Methoden nicht.

Lügendetektoren

Die DNA-Analyse reiht sich damit in eine Serie forensischer Untersuchungsmethoden ein, deren Zuverlässigkeit im Allgemeinen sehr überschätzt wird. In Filmen oder Serien scheinen psychophysiologische Lügendetektoren immer perfekt zu funktionieren. Und die Methode klingt auch sehr spannend: Auf der Haut der befragten Person werden Elektroden angebracht, die bestimmte Körpersignale ableiten, üblicherweise die elektrische Hautleitfähigkeit. Die ändert sich schnell und meistens klar erkennbar mit der psychologischen Erregung. Als ich selbst mal an einem ähnlichen Versuch teilgenommen habe, baten mich die Versuchsleiter:innen, an jemanden aus meiner Vergangenheit zu denken, den ich nicht leiden konnte, während sie im Nebenraum die daraus resultierenden Signale beobachteten. Bald hörte ich ein Lachen und den Satz »Das muss aber ein Arsch gewesen sein!« (diese Schlussfolgerung war korrekt).

Die Logik von Lügendetektoren ist nun: Wenn das so gut funktioniert, dann müsste man doch auch die psychologische Erregung erkennen können, die uns überkommt, wenn wir einen Mord verschweigen oder die Ermittler auf eine falsche Fährte zu locken versuchen. Das kann auch funktionieren, ist aber wirklich sehr unzuverlässig; so sehr, dass der entsprechende Teil der Wissenschaft nicht empfiehlt, diese Technik im Gerichtssaal anzuwenden. Unter anderem sind sie zu leicht reinzulegen: In Versuchen reichte bereits eine halbe Stunde Instruktion und Übung, ohne dabei Zugriff auf das Gerät an sich zu haben, um einem Großteil der Versuchspersonen zu ermöglichen, das Ergebnis nach ihrem Willen zu verändern.

Nicht viel besser ergeht es den Fingerabdrücken: Auch die sind in der Fiktion üblicherweise zu hundert Prozent sicher, und alle, die einen Fingerabdruck-Scanner am Laptop oder Smartphone haben, wissen, dass er einigermaßen zuverlässig funktioniert. Aber auch hier schlägt die Fachwelt Alarm, dass diese Stabilität häufig überbewertet wird. Das Fingerabdruck-Äquivalent zum DNA-Phantom stammt interessanterweise aus einer ganz ähnlichen Zeit: Nach den schrecklichen Zuganschlägen in Madrid im März 2004, die fast 200 Menschen das Leben kosteten, wurde auf einer Tasche mit Bombenmaterial ein Fingerabdruck gefunden. Der passte zu einem Anwalt in den USA, der den Behörden auch dadurch verdächtig erschien, weil er kurz zuvor zum Islam konvertiert war. Mehrere Expert:innen, teils vom FBI und teils unabhängig, bestätigten, dass die Abdrücke zu hundert Prozent identisch seien. Der Mann wurde vom FBI in Gewahrsam genommen und befragt, bis sich herausstellte, dass er den nordamerikanischen Kontinent schon seit über einem Jahrzehnt nicht mehr verlassen hatte und der Abdruck auch noch zu jemand anderem passte. Der Grund für diese Panne war einfach, dass die

Merkmale, nach denen Fingerabdrücke ausgewertet und verglichen werden, auf mehrere Menschen zutreffen können – und dass in diesem Fall dann in der Auswahl vor allem der verfolgt wurde, dessen religiöse Orientierung den Behörden sauer aufstieß.

Der Punkt wird klar: Fingerabdrücke, Lügendetektoren und DNA-Proben sollen Fakten schaffen, wo Beobachtungen, Wahrnehmungen und Erinnerungen nicht ausreichen. Dort, wo man zwischen Fakten und Meinungen nur schwer unterscheiden kann, sollen sie als naturwissenschaftlich objektiver Hammer reinhauen und über der unzuverlässigen Subjektivität stehen. Aber jetzt stellt sich heraus: Auch diese Analysen können komplett falschliegen. Weiter oben beschrieb ich umgekehrt, dass es aufgrund von (subjektiven) unzuverlässigen Augenzeugenberichten schon zu Fehlurteilen kam, die durch (objektive) DNA-Nachweise revidiert werden konnten. Wir müssen offenbar anerkennen, dass alle diese Dinge – Zeugenaussagen, DNA-Analysen, psychologische Profile, Fingerabdrücke, alles von einer zerbrochenen Fensterscheibe am Tatort über Bekennerschreiben bis zu unscharfen Überwachungsvideos – nur Ziegelsteine sind, die man benötigt, um ein Haus zu bauen. Und so wie nicht alle Zeigelsteine gleichermaßen belastbar sind, so kommen auch die verschiedenen Hinweise jeweils mit ihrem eigenen Maß an Unzuverlässigkeit daher. Wer zwischen einem flüchtigen Augenzeugenbericht und einem DNA-Profil nach Auswertung einer Gewebeprobe vergleichen sollte, würde dem Letzteren eine höhere Zuverlässigkeit bescheinigen. Aber, und das ist ein zentraler Punkt, das heißt noch nicht, dass die DNA-Analyse automatisch immer richtiger liegt als der Augenzeugenbericht. In dem hier beschriebenen Fall war es zum Beispiel genau umgekehrt, und die Frau, die aufgrund ihrer subjektiven Wahrnehmung »Der war es!« rief, hatte dort recht, wo die objektiven Laboranalysen versagten.

Aber wenn das alles nur Ziegelsteine sind, was wollen wir damit eigentlich bauen? Mit dieser Frage landen wir beim zentralen Kern der naturwissenschaftlichen Faktenfindung.

Hypothesen testen

> **»Es gibt zwei mögliche Ausgänge: Wenn das Ergebnis die Hypothese bestätigt, dann hast du eine Messung vorgenommen. Widerspricht das Ergebnis der Hypothese, dann hast du eine Entdeckung gemacht.«**
> ***Enrico Fermi***

Problem 5. Die Truman Show, oder: Wir mögen unwiderlegbare Annahmen

Wenn du an den Kühlschrank gehst, einen Löffel Joghurt nimmst und feststellst, dass er schlecht geworden ist, dann ist das eine Messung. Wenn du aber vorher im Sessel sitzt und dich fragst, ob der Joghurt im Kühlschrank wohl bereits zu alt ist, dann ist das eine Hypothese, die man in diesem Fall formulieren würde als: *Der Joghurt im Kühlschrank ist schlecht geworden, den kann man nicht mehr essen.* Diese Hypothese zeichnet sich zunächst dadurch aus, dass sie *überprüfbar* ist. Im Idealfall liefert sie für alle erdenklichen Ausgänge der Messung mit, was sie zu bedeuten haben: Wenn Geschmack, Geruch oder Farbe von dem abweichen, was wir mit einem frischen Joghurt in Verbindung bringen, dann werten wir ihn als schlecht. In diesem Fall wäre uns ganz gleich, *welches* der Kriterien zutrifft, wir sind frei in der Wahl der Messmethode: anschauen, riechen, schmecken.

Dabei müssen wir unbedingt die *Widerlegbarkeit* der Hypothese im Auge behalten. Was müsste erfüllt sein, damit wir unsere Hypothese verwerfen? Das erscheint erst mal offensichtlich, denn bei unserem Joghurt-Beispiel ist es bereits mit eingebaut: Wenn er gut riecht, gut aussieht und gut schmeckt, dann ist die Hypothese widerlegt, da der Joghurt noch genießbar ist. Aber manchmal achten wir einfach zu wenig auf mögliche anderslautende Fakten, und manchmal stellen wir sogar Behauptungen auf, die sich überhaupt nicht widerlegen lassen und vielleicht gerade deswegen überzeugend klingen.

Ein Beispiel: das philosophische Argument des Gehirns im Tank. Bei diesem Gedankenspiel stellt man sich vor, wie ein Gehirn ohne Körper irgendwo in einer Nährlösung liegt und per Computer eine Welt vorgespielt bekommt. Da unsere Sinne im Gehirn über elektrische Signale verarbeitet werden, ist diese Vorstellung zunächst einmal nicht komplett an den Haaren herbeigezogen. Von einer möglichen praktischen Umsetzung sind wir aus meiner Sicht allerdings sehr viel weiter entfernt als so mancher denken mag. Zumindest müsste das Gehirn um einiges mehr verkabelt sein als üblicherweise dargestellt; vermutlich müssten Milliarden von quasi unsichtbar dünnen Kabeln in die Tiefen des Gehirns führen, plausiblerweise unterstützt von starken Magnetfeldern drum herum, um Signale aus dem Gehirn zu empfangen und gleichzeitig andere Signale einzuspeisen.

Bis vor einigen Jahrzehnten war das ein obskurer Gedanke, aber seit 1999 der Film *Matrix* die Idee einer nahezu perfekt konstruierten künstlichen Welt aufgriff, ist sie im Zeitgeist angekommen. Statt nur des Gehirns wird da der ganze Körper in Nährlösung eingelegt, das Ergebnis ist dasselbe. Nur ein Jahr zuvor ging ein anderes Hollywood-Produkt einen ganz ähnlichen Weg: In *Die Truman Show* wird dem Protagonisten Truman Burbank ebenfalls die nahezu perfekte Illusion einer künstlichen Umgebung dargestellt, nur die technischen Mittel dazu sind etwas weniger fortschrittlich: Sein Wohnort befindet sich unter einer riesigen Kuppel, in der Tageszeit und Wetter von einer Kommandozentrale aus gesteuert werden können. Bei seinen Mitmenschen handelt es sich allesamt um bezahlte Schauspielerinnen und Schauspieler, die die Illusion aufrechterhalten sollen.

Beiden Filmwelten gemeinsam ist die Frage: Wenn nur eine Illusion ist, was wir als Wahrheit erleben, wie könnten wir das erkennen? Sowohl Neo in der Matrix wie auch Truman in Seahaven werden bereits in diese künstliche Welt hineingeboren und hegen bis ins Erwachsenenalter keinen Verdacht. Wie sollten sie auch? In beiden Fällen braucht es Menschen, die sich von außen gegen das System stellen und die Charaktere beim Weg aus der Illusion hinaus unterstützen. Bis dahin wird alles abgetan, was auf etwas Merkwürdiges hindeuten könnte. Ein Programmierfehler in der Matrix, der dazu führt, dass dieselbe Katze zweimal an jemandem vorbeiläuft, wird als Déjà-vu wegrationalisiert. Als ein Studioscheinwerfer scheinbar aus freiem Himmel hinabfällt und neben Truman zerschellt, wird er danach im Radio als Teil eines Flugzeugs erklärt. Bedeutet: Alles, was jemals in der echten Welt passieren kann, kann auch als Teil der echten Welt wegerklärt werden.

Daher ist die Annahme, dass unsere Welt nur eine perfekte Illusion ist, wissenschaftlich nicht widerlegbar. Es gibt keinen vorstellbaren naturwissenschaftlichen Nachweis dafür, dass wir uns *nicht* in der Matrix oder in einer riesigen kontrollierten Kuppel befinden. Wenn euch das jetzt verunsichert, dann kann ich euch beruhigen, denn: Nicht widerlegbare Hypothesen kann man getrost ignorieren.

Das mag überraschend klingen, denn ob die Welt um uns herum echt ist oder nicht, fühlt sich zunächst mal wie ein sehr relevanter Punkt an, und so wie ich das verstehe, ist es auch für die Philosophie von beträchtlichem Interesse. Aber für die Naturwissenschaft spielt die Frage aufgrund fehlender Widerlegbarkeit keine Rolle. Da wir sie nicht prüfen können, ist die Annahme, die Welt um uns herum sei künstlich, keine gültige Hypothese.

Das Problem ist nur, dass man sich gerade, weil sie unbeantwortbar ist, in dieser Frage komplett verlieren kann. Manche Forschende sehen die Sachlage anders als ich und versuchen, die genaue Wahrscheinlichkeit zu ergründen, dass wir in einer ausgefeilten Simulation leben. Manche kommen auf eine Wahrscheinlichkeit von fünfzig zu fünfzig. Für eine Frage, die schlichtweg nicht zu beantworten ist, mag es vernünftig wirken, einfach auf die Mitte zu gehen. Andere sind da weniger verhalten: In einer Veröffentlichung eines viel zitierten britischen Chirurgen wird eine genaue Berechnung präsentiert, die zum Ergebnis hat, dass wir alle mit einer Wahrscheinlichkeit von 99,9 Prozent in durchschnittlich 701 unterschiedlichen Simulationen abgebildet sind. Der Autor merkt an, dass dieses Ergebnis dem Simulations-Argument »eine Ebene der Plausibilität« hinzufüge. Ich persönlich würde mich dieser Interpretation nicht anschließen und im Zweifel auch eher zu einem anderen Chirurgen gehen.

Solche Ideen können eine ernstere Dimension annehmen, wenn es um psychische Störungen geht. Die Überzeugung, die Realität sei nicht wahrhaftig, also ein Gefühl der »Unrealität«, ist der Psychiatrie als Symptom schon seit langer Zeit bekannt. Bereits 1906 gab es einen Bericht im *Journal of Abnormal Psychology* – immer noch ein einflussreiches Journal, aber inzwischen etwas verträglicher als *Journal of Psychopathology and Clinical Science* bekannt – über eine 34-jährige Frau, die eines Tages extrem erschöpft ins Bett ging und ab dann überzeugt war, die Welt um sie herum sei nicht echt: »Alles, was ich sehe und höre, scheint unreal«, sagte sie, oder: »Ich sehe die Bäume und doch sehe ich sie nicht; sie erscheinen nicht real, und doch müssen sie es sein, weil es die Bäume sind, die ich schon immer gesehen habe.«

Diese Gefühle sogenannter Derealisation kommen nicht ausschließlich im Rahmen psychischer Störungen vor, man kann sie auch in besonders emotionalen Situationen oder nach Substanzmissbrauch erleben. Interessanterweise zeigte eine vergleichende Studie, dass Erfahrungen der Unrealität von sechzehn untersuchten Ländern ausgerechnet in Deutschland am seltensten auftreten. Die Vermutung ist dabei, dass diese Gefühle eine Reaktion auf ein Trauma sein können und dass man hierzulande ein geringeres Risiko hat, ein schweres Trauma zu erleiden, als in vielen anderen Ländern.

Aber unabhängig von der Ursache hatten Betroffene durch die Verarbeitung der Derealisation in der Kunst plötzlich eine Sprache zur Verfügung, um ihre Gefühle zu artikulieren. Der erste klinisch beschriebene Fall war im Jahr 2008 ein Postbote, der das vage Gefühl hatte, die Leute um ihn herum würden schauspielern und sein Leben sei künstlich aufgebaut wie das in der Truman Show. Seither gab es weitere solcher Fälle, sodass inzwischen der Begriff »Truman-Syndrom« verwendet wird. Zum Beispiel wurde ein Mann in eine Psychiatrie in New York eingewiesen, nachdem er sich mit Bundesbeamten angelegt hatte: Er war von einem anderen Staat aus dorthin gereist, um zu schauen, ob die Türme des World Trade Center noch stehen. Seine Überzeugung war nämlich, dass die Anschläge vom 11. September 2001 nur ein Plot Twist in seiner persönlichen Truman Show gewesen seien, so ähnlich wie in Trumans Welt einmal ein Reaktorunfall vorgetäuscht wird, um ihn an einer Ausreise zu hindern. Als der zuvor unauffällige Mann dann vor dem Team der Psychiatrie stand, verlangte er, mit »dem Regisseur« zu sprechen.

Eine unwiderlegbare Annahme wirkt zunächst wie etwas sehr Kraftvolles – schließlich kann sie nicht widerlegt werden! Und genau das ist der Grund für unser *Problem 5*: Wir mögen unwiderlegbare Annahmen. Wenn die oben genannten Beispiele für euch ein bisschen wie Verschwörungstheorien geklungen haben, dann liegt ihr damit ganz richtig. Viele Verschwörungsideen sind in der Tat nicht falsifizierbar. Wenn ich zum Beispiel behaupte, es hätte sich in Deutschland eine »kleine, machtvolle politische Oligarchie« gebildet, die als »heimlicher Souverän« in Wirklichkeit die Fäden zieht und die Geschicke des Landes in eine falsche Richtung lenkt, ohne sich vor dem wählenden Volk verantworten zu müssen, wodurch sollte das widerlegt werden? Ich könnte ihr alle Schuld aufladen (»Sie hat die Fehlentwicklungen der letzten Jahrzehnte zu verantworten«). Und wenn ich behaupte, diese kleine Gruppe hätte »die Schalthebel der staatlichen Macht, der politischen Bildung und des informationellen und medialen Einflusses auf die Bevölkerung in Händen«, dann kann ich alles, was mir widerspricht, damit abwehren. Genauso wie der herabfallende Scheinwerfer in Trumans Welt wegerklärt werden kann, können alle politischen oder wirtschaftlichen Umwälzungen oder Skandale mit dieser Schattengruppe im Hintergrund begründet werden.

Das Schockierende daran ist nur, dass ich mir die obigen Formulierungen nicht ausgedacht habe. Sie stammen aus dem Wahlprogramm, mit dem die AfD 2017 erstmalig in den Deutschen Bundestag eingezogen ist. Offenbar mögen wir unwiderlegbare Annahmen so sehr, dass es politische Konsequenzen nach sich ziehen kann.

Best-Practice-Beispiel einer wissenschaftlichen Hypothese

Rein wissenschaftlich ist eine unwiderlegbare Hypothese also komplett uninteressant. Eine widerlegbare Hypothese dagegen kann ein mächtiges Werkzeug sein, das Himmel und Erde bewegt. Ich denke dabei an eine Idee Einsteins; genauer gesagt an eine Hypothese, die man direkt aus seiner allgemeinen Relativitätstheorie ableiten kann. Wenn man die vorn begonnene Reihe in der Physik weiterführt – Brahe, Kepler, Newton –, dann ist Einstein der, der dem Ganzen die Krone aufgesetzt hat. Oder der alles über den Haufen geworfen hat, je nachdem, wie man es sieht. Man könnte sagen, wenn Isaac Newton Bruce Lee ist, dann ist Albert Einstein sein Jackie Chan: nicht wirklich der Nachfolger, aber irgendwie schon. Die Frage, welcher der beiden Wissenschaftler klüger war, ist dabei genauso müßig wie die, welcher der beiden Action-Stars in einem Kampf gegeneinander gewonnen hätte.

Sowohl Albert Einstein wie auch Jackie Chan zeichnen sich aus Sicht der Öffentlichkeit dadurch aus, dass sie sich Dinge vornahmen, die man erst einmal für unmöglich hält, und sie dennoch durchgezogen haben. Bei Einstein war es eine grundlegend neue Konzeption der Schwerkraft. Alle, die irgendwann einmal eine populärwissenschaftliche Fernsehsendung gesehen haben, kennen die Darstellung seines gekrümmten Raums: Man stelle sich vor, der leere Raum sei ein Spannbettlaken. Hält man es gespannt waagerecht und legt eine Grapefruit in die Mitte, dann krümmt sich das Tuch um die Zitrusfrucht herum. Schubst man dann eine Murmel in Richtung der Grapefruit, wird die Bahn dieser Murmel von der Kuhle im Tuch abgelenkt. Einsteins Idee war, dass diese Krümmung dazu führt, dass alles – sogar Licht und Zeit – durch die Masse der Grapefruit beeinflusst und verzerrt wird. Nur, dass so eine Grapefruit natürlich sehr wenig Masse besitzt. Wenn wir aber von riesigen Objekten sprechen, wie man sie nur im All findet, dann sollte das laut Einstein beobachtbare und messbare Konsequenzen haben; daher wird das Obst üblicherweise auch nur stellvertretend für unsere Sonne eingesetzt und die Murmel für Planeten oder Asteroiden.

Klar daraus abzuleiten ist, dass der Sternenhimmel während einer Sonnenfinsternis anders aussehen sollte als in der Nacht. Denn schließlich schauen wir nachts direkt in Richtung der Sterne, ohne ein massives Objekt im Weg, wohingegen die Sonne die Bahn des Lichts und damit das Bild des Sternenhimmels beeinflussen sollte. Eine leichte Form dieser Ablenkung des Lichts wäre auch in Newtons Welt zu erwarten – aber nach Einstein wäre sie etwa doppelt so groß, wie sie nach Newton sein müsste. Es sollte also ein Leichtes sein, mit einem ausreichend genauen Teleskop in den Himmel einer Sonnenfinsternis zu schauen und Einsteins Relativitätstheorie zu bestätigen oder zu widerlegen. Seinen Berechnungen zufolge sollte die Position eines Fixsterns nahe der Sonne um 0,83 Winkelsekunden* verändert sein, sofern Newton recht hatte, oder um 1,75 Winkelsekunden, sofern die Relativitätstheorie zutrifft.

* Eine Winkelsekunde ist 60-mal weniger als eine Winkelminute, und eine Winkelminute ist 60-mal weniger als ein Grad. Wenn man sich also einmal ganz im Kreis dreht, sodass man alle 360 Grad mitnimmt, dann wäre eine Winkelsekunde etwa der Eins-Komma-drei-Millionstel Teil des Weges, den man für die komplette Umdrehung zurücklegt. Macht das Sinn?

Das ist eine Hypothese, die in der Naturwissenschaft die Korken knallen lässt, und zwar schon bevor man weiß, ob sie überhaupt zutrifft. Denn sie gibt genaue Anweisungen, was zu tun ist, und beschreibt das erwartete Ergebnis mit hoher Genauigkeit. Das bedeutet zum einen, dass man sich jetzt ans Studiendesign setzen kann – was meistens ohnehin der lustigste Teil der Forschung ist –, und zum anderen, dass man am Ende der Studie so oder so eine brauchbare Erkenntnis gesammelt hat: Denn entweder trifft Newton zu, oder Einstein, oder keiner von beiden, und alle drei Befunde wären gleichermaßen interessant. Einstein selbst schloss sein Paper dazu mit einer sehr klaren Handlungsaufforderung: »Es wäre dringend zu wünschen, daß sich Astronomen der hier aufgerollten Frage annähmen, auch wenn die im vorigen gegebenen Überlegungen ungenügend fundiert oder gar abenteuerlich erscheinen sollten. Denn abgesehen von jeder Theorie muß man sich fragen, ob mit den heutigen Mitteln ein Einfluß der Gravitationsfelder auf die Ausbreitung des Lichtes sich konstatieren läßt.«

Diese Ansage ließ die Astronomie nicht lange unbeantwortet und packte bei den kommenden Sonnenfinsternissen ihre genauesten Teleskope aus. Dabei musste sie sich mit solch unerwarteten und nervtötenden Dingen wie schlechtem Wetter und dem Ersten Weltkrieg auseinandersetzen. So stand man 1918, sieben Jahre nach Einsteins deutlichem *Call to action*, wie man es heute nennen würde, immer noch ohne klare Prüfung dieser Hypothese da. Das war dem Engländer Arthur Eddington zu viel: Die nächste Sonnenfinsternis sollte besonders günstig werden, da sich die Sonne zu dem Zeitpunkt vor besonders vielen Sternen befinden würde, daher fasste er den Plan, ihr einfach mit dem Schiff hinterherzureisen.

Sein Artikel dazu liest sich wie ein Abenteuerbericht: wie die Instrumente für die Beobachtung gesammelt und vorbereitet wurden, die Ankunft in Brasilien und so weiter. Obwohl der Krieg am Ausklingen war, machte er immer noch Schwierigkeiten dabei, einzelne Experten oder manches Material zu besorgen. Letztlich konnte die

Reise nach Sobra in Brasilien und zur Insel Príncipe vor Westafrika wie geplant durchgezogen werden, und auch die Beobachtungen funktionierten im Großen und Ganzen wie gedacht. Im Artikel werden die gemessenen Werte sehr genau beschrieben und mit den behafteten Unsicherheiten verrechnet, dann kommen die Autoren zu ihrer Schlussfolgerung: »Die Ergebnisse der Expeditionen nach Sobral und Príncipe lassen wenig Zweifel daran, dass in der Nachbarschaft zur Sonne eine Ablenkung des Lichts erfolgt und dass sie in dem Ausmaß liegt, das Einsteins allgemeine Relativitätstheorie verlangt.« Wieder einmal führte eine Messung zu einem beeindruckenden Erfolg, angeleitet von einer ganz wunderbaren Hypothese.

Und wie nahm Einstein selbst die frohe Botschaft über seine bis dahin durchaus umstrittene Theorie wahr? Die australische Physikerin Ilse Rosenthal-Schneider, die zu der Zeit studierte und von ihm zu einer Diskussion über die Theorie eingeladen wurde, berichtet, dass ihm diese Bestätigung wie eine Selbstverständlichkeit erschien: »Haben Sie daran gezweifelt?« Natürlich verneinte die Studentin das, aber fragte ihn doch schon, was er gesagt hätte, wenn etwas anderes dabei herausgekommen wäre. Darauf Einstein: »Da könnt' mir halt der liebe Gott leidtun, die Theorie stimmt doch.«

Man kann es auch als sehr bescheidener Mensch in der Naturwissenschaft weit bringen, aber um ein richtiger Weltstar zu werden, gehört vermutlich auch ein höheres Maß an Selbstbewusstsein dazu.

Diese Geschichte ist auch deswegen nach über hundert Jahren noch beeindruckend, weil man selten die Gelegenheit hat, eine wirklich schöne Hypothese aufstellen zu können. Primär liegt es daran, dass es nur wenige Hypothesen gibt, die jahrhundertealte Weltbilder in die Rente schicken können. Üblicherweise sind die Annahmen in der Forschung weniger weltbewegend, und die im Alltag sowieso. Meistens haben wir es da mit Hypothesen zu tun wie »Ich glaube, mein Nachbar ist sauer auf mich, weil er mich so grummelig angeschaut hat«. Das Testen dieser Hypothese unterscheidet sich in zwei Dingen von der eben beschriebenen Geschichte: Zum einen hat ihr Ergebnis weniger Auswirkung auf das Verständnis des Universums, zum anderen ist nicht klar, wie ich sie zweifelsfrei prüfen könnte. Reicht es, ihn darauf anzusprechen? Soll ich ihn fragen, ob ich im Labor seinen psychologischen Zustand messen darf?

Außerhalb der Physik, außerhalb des Labors, außerhalb der Naturwissenschaft ist das leider ein häufig auftretendes Problem. Einstein konnte seine klare Hypothese allerdings nur deswegen aufstellen, weil er, wie man so schön sagt, auf den Schultern von Riesen saß, die im Lauf der Jahrhunderte Messwerte und Erkenntnisse zusammengetragen hatten. Das ist eine Grundlage, die mir bei meinem Nachbarn fehlt, daher stochere ich im Vergleich sehr im Dunkeln. Meine Freiheit, klare Hypothesen aufzustellen, ist bereits deswegen stark eingeschränkt. Und auch bei der Messung an sich muss ich mich an sehr eng definierte Grenzen halten: Ich kann den Nachbarn zwar etwas fragen, aber er kann mich auch anlügen. Ich kann zwar seine körperliche Reaktion beobachten, darf aber vermutlich in der Situation keine ordentliche psychophysiologische Messung durchführen.

Wenn das alles nicht geht, dann müssen wir unsere Hypothesen so ausführlich formulieren, wie das im jeweiligen Zusammenhang nun mal möglich ist, und mit den Daten arbeiten, die wir haben, egal wie groß die damit einhergehenden Unsicherheiten sind. Das mag sehr frustrierend sein, ist aber trotzdem gültiges wissenschaftliches Vorgehen, zumindest solange die Unsicherheiten dabei klar benannt werden. Denn im echten Leben kann man oft nur wenige klare Beobachtungen und vielleicht gar kein gültiges Experiment durchführen.

Das zeigt sich besonders eindrücklich an einem Fall rund um Babys und Honig.

Problem 6. Böser Honig, oder:
Wir können nicht alles sicher wissen

Ich frage die Leute um mich herum gern, ob sie wissen, dass man Kindern unter einem Jahr keinen Honig geben darf. Auf diesen Spleen bin ich gekommen, als ich mit meiner Frau und unserer damals nur Monate alten Tochter in einem floridianischen Hipster-Laden war, der sein eigenes Eis herstellt, und wir anmerkten, dass die eine Eissorte nichts für uns sei, weil sie Honig enthielt und man nie wüsste, ob die Tochter uns nicht das Eis wegschnappt und es selbst mampft. »Ah«, kam die Antwort des Verkäufers, »und Ihre Tochter ist allergisch gegen Honig.« Das war zwar eine sehr aufmerksame Antwort, zeigte aber auch, dass er nichts davon wusste, dass man kleinen Kindern keinen Honig geben darf. (Hättet ihr's gewusst?)

Ich bin ein sehr großer Verfechter davon, dass man Leuten nicht vorwirft, etwas nicht zu wissen, und zwar ganz egal, worum es geht, sondern eher hinterfragt, was einem beigebracht wird und was nicht. Man findet immer wieder Wissenschaftler:innen, die mit offenem Entsetzen darauf reagieren, wenn jemand (meist nicht aus der Wissenschaft) nicht weiß, ob das Innere der Erde heiß oder kalt ist oder ob ein Atom größer oder kleiner ist als ein Molekül oder ob ein Antibiotikum gegen Viren hilft oder nicht. Diese Dinge haben gemeinsam, dass sie in der modernen Naturwissenschaft als sehr grundlegende Kenntnisse angesehen werden und damit zur naturwissenschaftlichen Allgemeinbildung gehören. Die Antworten* da-

* Ich lasse euch aber natürlich nicht im Stich, daher hier die Antworten: Das Innere der Erde ist heiß; der Grund, dass manche dies als offensichtlich ansehen, ist, dass wir sonst solche Dinge wie das Magnetfeld der Erde nicht hätten. Moleküle werden aus Atomen gebaut und sind daher notwendigerweise größer. Und es gehört zur Definition eines Antibiotikums, dass es gegen Lebewesen hilft, daher ist es wirkungslos gegen Viren, da die eher so etwas sind wie – extrem salopp ausgedrückt – wütende Steine.

rauf nicht zu kennen, kann auf Wissenschaftler:innen manchmal so wirken, als wüsste man nicht, was das Internet ist oder dass es in Deutschland einen Bundeskanzler gibt. Aber eins haben alle diese Dinge ebenfalls gemeinsam: Um sie zu wissen, muss man sie beigebracht bekommen. Von manchen Dingen wird vorausgesetzt, dass man sie in der Schule mitbekommt, bei anderen erwartet man, dass man sie im Lauf eines normalen Lebens oder bei den üblichen sozialen Interaktionen lernt. Aber für Dinge, die zwar vielleicht naturwissenschaftlich grundlegend sind, aber dennoch über die Inhalte der Schule hinausgehen, ist jedwedes Unwissen in der Bevölkerung schlichtweg ein Versagen der Wissenschaftskommunikation. Wissenschaftler:innen, die darauf mit Schock oder Belustigung reagieren, drücken diese Gefühle, ohne es zu wissen, in Wirklichkeit über sich selbst aus.

In dem Moment im Hipster-Eisladen konnte ich mich nicht mehr erinnern, woher ich das mit dem Honig eigentlich wusste. Genau aus diesem Grund stelle ich die Frage gern im Bekanntenkreis. Anekdotisch wissen die allermeisten Eltern darüber Bescheid, und die Nicht-Eltern müssen es ja auch nicht unbedingt wissen (Freddy wusste es auch nicht). Die Frage ist aber: Woher weiß man *überhaupt*, dass man kleinen Kindern keinen Honig geben soll?

Unseren Großeltern war es jedenfalls noch nicht bekannt, denn die Geschichte beginnt erst Ende 1976 mit einem Bericht im Fachjournal *The Lancet*, geschrieben von Forschern eines Labors in Kalifornien. Der Artikel beschreibt zunächst die Krankheit Botulismus. Sie entsteht dadurch, dass sich ein bakterieller Erreger, *Clostridium botulinum*, im Körper einnistet und dort ein Nervengift produziert. Die Krankheit ist nicht ansteckend, da das Bakterium meist über die Nahrung in den Körper gelangt. Da man den Erreger an verschiedenen Orten in der Natur findet und er zudem recht hitzebeständig ist, hört man von Botulismus nahezu ausschließlich im Zusammenhang mit verdorbenem Fleisch oder befallenen Gemüsekonserven. Aber wirklich häufig begegnet man ihm nicht: Das Robert-Koch-Institut beschäftigt sich pro Jahr mit zwischen null und vierundzwanzig Fällen. Und das ist auch gut so, denn das von den Bakterien produzierte Nervengift Botulinumtoxin legt sehr effizient die Kommunikationswege von Nervenzellen lahm, sodass diese keine Signale mehr weitergeben können. Die Folge sind Lähmungen, die zunächst oft mehr verwirrend als gefährlich wirken, aber im schlimmsten Fall die Atmung behindern und damit zum Tod führen können.

Auch das Paper im *Lancet* erkennt, dass Botulismus gefährlich, aber selten ist: Sie seien die kalifornischen Akten durchgegangen, und in mehr als sieben Jahrzehnten seien da nur 603 Fälle zusammengekommen, darunter kein einziger, bei dem die betroffene Person jünger als ein Jahr war. Was auch sehr viel Sinn macht, da Säuglinge meist einen deutlich unterdurchschnittlichen Verzehr an Wurst oder Gemüsekonserven vorweisen. Umso schockierter sind die Autoren, als sie berichten, dass ihnen innerhalb eines halben Jahres vier Fälle von Botulismus bei Säuglingen begegneten, alle im Alter zwischen sechs und dreizehn Wochen. Bei so etwas gehen in der Medizin direkt die Alarmglocken an. Es wurden Stuhlproben von den Kindern gesammelt, um den Erreger nachzuweisen: Nur so weiß man sicher, dass es sich um Botulismus handelt. Dann wurde nach Stuhlproben von nahen Verwandten gefragt sowie nach aller Nahrung, mit der die Säuglinge in Kontakt gekommen waren (einschließlich Muttermilch), und es wurden Proben des Erdbodens in der Nähe genommen, in dem sich der Erreger ebenfalls aufhalten könnte. (Wenn ihr nicht wisst, was der Erdboden in der Umgebung mit der Ernährung von kleinen Kindern zu tun haben soll, dann habt ihr offenbar keine eigenen Kinder.)

Schließlich wurden mehrere andere kleine Kinder ausgesucht, die nicht erkrankt waren, aber die den Patient:innen in Bezug auf Alter, Wohnort und Ernährungsweise besonders ähnlich waren, und auch bei ihnen wurden Stuhl-, Nahrungs- und Erdproben gesammelt. Das wurde getan, um eine gute Kontrollgruppe zu haben – schließlich konnte es sein, dass die Botulismus-Erreger bereits die ganze Region überrannt hatten und es nur zufällig erst bei einigen wenigen Kindern aufgefallen war.

Mir als Forscher geht bei diesem Vorgehen das Herz auf. Die naturwissenschaftlichen Gepflogenheiten waren zwar vor fünfzig Jahren durchaus noch andere (zum Beispiel wird überhaupt nichts weiter über diese Kontrollgruppe berichtet, außer dass bei ihnen keine Erreger gefunden wurden), dennoch haben die Autoren von der Untersuchungsweise her absolut alles richtig gemacht. Als auffällig befanden sie, dass zwei der Kinder Honig bekommen hatten, daher wurden in örtlichen Supermärkten unterschiedliche Sorten Honig gekauft und ebenfalls getestet. Allerdings ist auch die beste Hypothese kein Garant für ein zufriedenstellendes Ergebnis: In keinem Nahrungsmittel, auch nicht im Honig, waren die Erreger nachzuweisen. Ebenso wenig in den Stuhlproben der Verwandtschaft. Den Autoren blieb also zunächst nichts übrig, als erstmals auf das Problem des Botulismus im Kleinkindalter hinzuweisen. Sie spekulieren, dass es vielleicht bislang einfach nicht erkannt wurde oder sogar für manche Fälle von plötzlichem Kindstod verantwortlich sein kann. Das ist eine vernünftige Schlussfolgerung, denn: Wenn man nicht nachweisen kann, dass bei diesen vier Fällen irgendwelche besonderen Begleitumstände vorliegen, dann sind sie vielleicht einfach nicht so besonders, wie sie wirken. In dem Fall aber müsste der Fehler bei der bisherigen Berichterstattung liegen.

Doch die Forscher wussten, dass sie das nicht einfach so stehen lassen konnten, zumal sie auch nach diesem Artikel von weiteren Fällen erfuhren. Also schalteten sie den Turbolader ein: Sie holten sich Wissenschaftler:innen der Universität Berkeley mit an Bord. Für jedes gemeldete Kind suchten sie sich drei Kontrollkinder: Zwei aus der Nachbarschaft und eines, das im selben Krankenhaus geboren war. Zu den vorher genannten Proben sammelten sie jetzt auch Stofftiere, die vielleicht in den Mund genommen wurden, und Hausstaub ein. Sie weiteten ihre Suche aufs Ausland aus. Zudem untersuchten sie jetzt auch verdächtige Fälle von plötzlichem Kindstod. Am Ende landeten sie bei 555 gesammelten Proben. Wenn diese Studie ein Actionfilm wäre, dann gäbe es an dieser Stelle eine Montage aus Trainingssequenzen, und einer der Forschenden würde zornig in den Spiegel sagen: »Du hast dich mit den Falschen angelegt, *C. botulinum*!«

Mit dieser Menge an Daten und mit klaren Hypothesen im Hinterkopf gab es endlich deutliche Ergebnisse: Es gibt mehrere Arten des Nervengifts, das die Erreger erzeugen können, und in den hier untersuchten Fällen hat man zwei Arten identifiziert. Bei Kindern, die an der einen Art erkrankt waren (Typ A), gab es keine Auffälligkeit, was Honig angeht. Aber von den Kindern, die an Typ B erkrankt waren, hatte fast die Hälfte Honig gegessen. Bei den Kontroll-Kids waren es weniger als zehn Prozent. Umgerechnet war das Risiko, an Typ-B-Botulismus zu erkranken, um mehr als das Siebenfache erhöht, wenn ein Kind Honig zu sich genommen hatte. Gleichzeitig wurde festgestellt: Ein Zehntel aller Honigpackungen in Kalifornien trug den Erreger in sich – zu wenige, um in der vorherigen kleineren Studie gefunden zu werden. Daher gab es jetzt eine klare mögliche Erklärung: Kinder wie Erwachsene konnten den Erreger über den Honig in den Körper aufnehmen. Erwachsene Körper können diese Erreger effektiv töten, bei kleinen Kindern hingegen haben die Erreger manchmal die Möglichkeit, sich lange genug im Körper einzunisten, um ihr Gift zu produzieren.

Die Studie zeigte allerdings auch, dass in einem großen Teil der Fälle *kein* Honig mit im Spiel war. In wenigen Fällen wurden die Erreger auch in Hauspflanzen und im Garten gefunden. Es musste mehrere Wege geben, sich anzustecken, von denen der Honigkonsum aber mit Abstand am leichtesten zu vermeiden ist. Daher gibt es am Ende des Artikels eine klare Empfehlung: Da der älteste jemals weltweit berichtete Fall von Botulismus bei Babys acht Monate alt war, wird sicherheitshalber empfohlen, Kindern unter einem Jahr keinen Honig zu geben. Noch bevor der Artikel erschienen war, wurde diese Ansicht sowohl von den US-Gesundheitsbehörden wie auch vom weltgrößten Honighersteller geteilt.

Die beiden Autoren des Original-Papers, Stephen Arnon und Ted Midura, gaben sich jedoch auch damit nicht zufrieden und beobachteten die Sachlage noch für vierzig weitere Jahre. Beide arbeiteten an der Forschung zu einem Heilmittel für diese neue Krankheit. Beim Update nach vier Jahrzehnten konnte zumindest berichtet werden, dass nur noch vier Prozent der Fälle mit Honigkonsum in Verbindung gebracht werden konnten. Die Empfehlungen scheinen also geholfen zu haben, wenn auch nicht hundertprozentig. Schaut man heute im Internet nach Informationen zu Honig im Säuglingsalter, dann ist die Empfehlung klar: Finger weg. Das Robert-Koch-Institut weist in seinem Ratgeber über Botulismus auf die Verbindung hin. Sogar die Tageszeitung *Die Welt* warnte davor und titelte etwas unscharf: »An Honig können Säuglinge ersticken«. Das ist insofern korrekt, als die Todesfälle bei Botulismus durch eine Lähmung der Atemmuskulatur entstehen, klingt aber dennoch leicht irreführend. So oder so: Die Forscher Arnon und Midura können mit Recht behaupten, dass sie mit ihren Auswertungen Leben gerettet haben.

Aber hier kommt die Crux an der ganzen Sache: Eigentlich mag es die Naturwissenschaft nicht, wenn etwas so Wichtiges aus einer Statistik heraus interpretiert wird. Ja, einige kleine Kinder erkranken an Botulismus. Ja, einige von ihnen haben vorher Honig gegessen. Aber wenn das unser einziger Maßstab ist, den wir bei der Suche nach Fakten anlegen, dann könnten wir noch ganz andere Dinge behaupten. Zum Beispiel zeigt die Anzahl der Einbrüche im US-Bundesstaat Kansas eine verblüffende Ähnlichkeit zum Abstand zwischen der Erde und dem Neptun. Das ist kein Witz! Neptun, der äußerste Planet unseres Sonnensystems, ist etwa dreißigmal so weit von uns entfernt wie unsere Sonne. Von 1985 bis 2022 ist dieser Abstand von Jahr zu Jahr etwas kleiner geworden, genauso wie die Zahl der Einbrüche in Kansas, gemessen an der Gesamtzahl der Bevölkerung. In dem Fall wissen wir natürlich, dass der Zusammenhang bedeutungslos ist: Egal, wie eng die statistische Beziehung zwischen den beiden Variablen sein mag, gibt es keinerlei plausible Erklärung dafür, wie das eine zum anderen führen sollte. Beim Honig und dem Botulismus dagegen gibt es sie durchaus. Aber wenn das wiederum das ausschlaggebende Kriterium wäre, dann ginge es in der Naturwissenschaft letztlich nur ums Geschichtenerzählen: Wer die bessere Erklärung für einen statistischen Zusammenhang findet, gewinnt.

Normalerweise würde man daher als ernsthafter Naturwissenschaften-Fan einen anderen, klareren Nachweis verlangen: einen Nachweis durch ein Experiment. Wenn die Beobachtung der Anfang aller wissenschaftlichen Neugier und Faszination ist, dann ist das Experiment das, was die Daten festzurrt und damit ein für alle Mal Fakten von Meinungen unterscheidet.

Was ein Experiment ausmacht

Zu diesem Zweck müssen wir kurz darüber sprechen, was wir unter einem Experiment verstehen; das ist im Alltag nämlich ziemlich verwässert. Üblicherweise verstehen wir darunter irgendeinen aktiven Versuch. Wenn uns jemand anschaut und sagt: »Pass auf, ich mach mal ein Experiment«, dann erwarten wir, dass sich diese Person zum Beispiel ein viel zu großes Kuchenstück in den Mund stopft oder unerwartet auf einen E-Roller springt oder sich besonders groß macht, um zu sehen, wie die Eisbären im Zoo darauf reagieren. Übrigens alles Dinge, die Freddy in meiner Anwesenheit schon mal so getan hat. Aber das sind keine Experimente im wissenschaftlichen Sinn, denn zum Experiment gehört die Kontrollgruppe: Ein Experiment ist es zum Beispiel, wenn ich zwei Zimmerpflanzen habe und von denen nur eine regelmäßig gieße. Die Qualität meines Experiments hängt vor allem davon ab, wie gut Kontrollgruppe und Experimentalgruppe miteinander vergleichbar sind – es sollte also bitte schön dieselbe Pflanzenart sein, in identischen Töpfen und nebeneinander im gleichen Zimmer, damit sie gleich viel Sonne abbekommen. Nur dann sprechen wir von einem Experiment. (Was auch bedeutet, dass das Klischee vom verrückten Wissenschaftler in Büchern und Filmen häufig kein tatsächlich wissenschaftliches Vorgehen zeigt. Jemand, der einen riesigen Todeslaser baut, um die Menschheit damit zu unterjochen, ist im engeren Sinn kein verrückter Wissenschaftler, sondern ein verrückter Ingenieur.)

Die Forschenden, die ihre Hypothese zu Honig und Botulismus bei Kindern überprüfen wollten, kamen dem Ideal eines wissenschaftlichen Experiments sehr nahe, indem sie sich Kontrollkinder gesucht haben. Am besten sollte an denen alles identisch sein bis auf den Honig. Das ist schon mal super. Aber wir müssten uns hundertprozentig sicher sein können, dass nicht schon vorher ein Unterschied zwischen den Kindern mit und ohne Honig in der Nahrung bestand. Wer weiß, vielleicht vertragen manche Kinder andere Süßungsmittel schlecht, sodass ihre Eltern eher zu Honig greifen. Und vielleicht ist es (in diesem ausgedachten Fall) genau diese Unverträglichkeit, die dem Botulismus zugrunde liegt. Dann wäre unser Befund zum Honig ein reiner Trugschluss. Genau aus diesem Grund müssen wir streng sein: Ein richtiges wissenschaftliches Experiment wäre es nur, wenn wir die Kinder ganz zufällig auswählen und dann ebenfalls zufällig in Experimental- und Kontrollgruppe einteilen, sodass sich alle zufälligen Unterschiede zwischen ihnen gegenseitig aufwiegen. Da das nicht stattgefunden hat, ist der Zusammenhang zwischen Honig und Botulismus bei kleinen Kindern nicht experimentell nachgewiesen, und er wird auch niemals experimentell nachweisbar sein, denn dazu müssten wir Kinder absichtlich vergiften.

Das heißt natürlich nicht, dass wir das Ergebnis deswegen nicht anerkennen sollten. Meine Kinder haben im ersten Lebensjahr keinen Honig bekommen, und wenn Eltern, die ich kenne, ihren Säuglingen Honig geben würden, dann würde ich mich sehr enthusiastisch dagegen aussprechen, denn das Risiko dabei liegt auf der

Hand. Aber wenn mich jemand fragt, ob der Zusammenhang zwischen Honig und Botulismus bei kleinen Kindern ein *Fakt* ist, also ob er über jeden wissenschaftlich plausiblen Zweifel hinaus nachgewiesen ist, dann muss ich mir meine Antwort darauf gut überlegen.

Es gibt Situationen, in denen man noch näher an das experimentelle Ideal herankommt, ohne es komplett zu erreichen. Man könnte in einer Schule einen neuen Lehrplan einführen wollen, aber aus administrativen Gründen nur in der Hälfte des Jahrgangs. Oder ein neues Baumaterial kommt auf den Markt, aber es ist noch nicht ausreichend davon vorhanden, um alle Baustellen zu versorgen. In diesen Fällen hätte man auf ganz natürliche Art zwischen Experimental- und Kontrollgruppe getrennt. Wird in einer solchen Situation eine Studie durchgeführt, dann ist das auch immer noch nicht ganz auf dem Niveau eines Experiments mit zufälliger Einteilung – denn wer weiß, ob nicht doch schon vorher irgendeine Einteilung der Schulkinder oder Baustellen stattgefunden hat, die unser Ergebnis beeinflussen könnte. Für solche Situationen gibt es den Begriff des Quasi-Experiments. Und viele Studienbefunde, die wir im Alltag besonders spannend oder hilfreich finden, sind tatsächlich das Ergebnis von Quasi-Experimenten.

Beispiel: Alkohol in der Schwangerschaft. Seine generelle Gefährlichkeit steht außer Zweifel. Das, was wir im Alltag »Alkohol« nennen, ist ein extrem erstaunliches Molekül, wenn es darum geht, sich im Körper auszubreiten und Schaden anzurichten. Das kann bei Erwachsenen sehr unterhaltsam sein, gar keine Frage, aber für ein ungeborenes Kind kann der Konsum von Alkohol verheerende Folgen haben: Man geht davon aus, dass in Europa zwischen ein und zwei Prozent der Kinder mit einer sogenannten Fetalen Alkoholspektrumstörung auf die Welt kommen. Und wie der Begriff »Spektrum« bereits sagt, kann diese Störung sehr unterschiedlich stark ausgeprägt sein und im Grunde alle körperlichen Systeme betreffen, von Herz über Skelett bis Gehirn.

Eigentlich sollte es gar kein Problem sein, den Alkohol komplett zu vermeiden, schließlich muss man sich, anders als bei Gefährdungsherden wie Luftverschmutzung oder Umgebungslärm, üblicherweise bewusst zu seiner Aufnahme entscheiden. Auf der anderen Seite können es Suchtverhalten oder sozialer Druck sehr schwer machen, die Finger vom Alkohol zu lassen, und nicht alle Schwangerschaften werden früh erkannt. Zudem werden nicht alle Schwangeren ausreichend über die Risiken informiert. So kommt es, dass je nach Umfrage um die vierzehn Prozent der Frauen in Deutschland angeben, während der Schwangerschaft Alkohol zu trinken, wenn auch meist nur selten. Im Übrigen findet man dieses Verhalten um ein Vielfaches häufiger bei Müttern von Kindern ohne Migrationshintergrund und ebenfalls viel häufiger in der sozialen Oberschicht. Wenn es also so etwas wie eine deutsche Leitkultur gibt, dann gehört Alkoholkonsum in der Schwangerschaft bedauerlicherweise dazu.

Ist es aber der Fall, dass mehr als ein Achtel der Schwangeren (meist wenig) Alkohol zu sich nehmen und das in ein bis zwei Prozent der Fälle Probleme mit sich bringt, dann führt das zu der plausiblen Annahme, dass man eine bestimmte Menge Alkohol noch zu sich nehmen kann, ohne das ungeborene Kind dabei zu schädigen. Eine Vermutung wäre die eines sogenannten linearen Zusammenhangs: Je mehr Alkohol, desto mehr Schaden. Dieser heißt so, weil er sich in einer statistischen Abbildung als gerade Linie darstellen lässt: Man fängt links unten am Nullpunkt an – null Alkohol, null Probleme. Dann geht man linear bei beidem hoch, bis man ganz oben rechts ankommt – viel Alkoholkonsum und stark ausgeprägte alkoholbedingte Symptome. Die Konsequenz daraus wäre, dass man kein risikofreies Limit definieren könnte, sondern die rationalste Empfehlung wäre: »Je weniger, desto besser; am besten gar nichts.«

Diese Linearität ist aber zunächst nur eine von mehreren plausiblen Vermutungen. Der Zusammenhang könnte auch J-förmig sein, also wie wenn man den Buchstaben J ins Schaubild zeichnet:

Die Probleme bleiben erst mal klein, auch bei zunehmendem Alkoholkonsum, und schießen dann irgendwann nach oben. (In Ländern mit ausgeprägter Eishockey-Kultur wird eine solche Darstellung auch *hockey stick* genannt.) Wenn sich das zeigen würde, wäre die Empfehlung: »Am besten keinen Alkohol, aber ein wenig schadet nicht.« Und schließlich gibt es noch die Vermutung, ein wenig Alkohol würde dem Kind helfen. Dieser Eindruck kann entstehen, wenn man in den Medien liest, dass ein Glas Wein am Tag gegen Herzprobleme oder andere Gebrechen helfen soll.

Da sich alle diese Modelle darüber einig sind, dass viel Alkohol schlecht ist, lässt sich die Diskussion zur Schädlichkeit von Alkohol auf die Frage herunterbrechen, ob bereits geringer Konsum zu Problemen führt oder nicht. Vor wenigen Jahren sollte eine Meta-Studie, also eine Studie über Studien, Licht in diese Sache bringen. Mit den unterschiedlichen Ansätzen im Hinterkopf schauten sich die Forschenden alle Studien seit 1950 an, die für die Bewertung des Risikos geringen Alkoholkonsums während der Schwangerschaft relevant sein konnten. Das Ergebnis war (Entschuldigung für das unpassende Wortspiel) ernüchternd: Es gab überhaupt nur sehr wenige Studien zu diesem Thema, und noch weniger waren von zufriedenstellender Qualität. Am Ende gab es zumindest die Aussage, dass es keine Hinweise auf einen Nutzen fürs Kind gibt, sowie einen Aufruf zu neuen Untersuchungen, »einschließlich solcher, die Studiendesigns verwenden, welche die kausalen Schlussfolgerungen verbessern« – soll heißen, die dazu geeignet sind, Ursache und Wirkung auseinanderzuhalten; das Kernproblem bei Quasi-Experimenten. Aber auch in diesem Bereich ist das nicht möglich.

Ob es ein sicheres Limit für Alkohol in der Schwangerschaft gibt und wo es liegt, ist daher aus wissenschaftlicher Sicht nicht festzulegen. Trotzdem muss man manchmal zur Pflege der öffentlichen Gesundheit eine Empfehlung oder Richtlinie abgeben, denn eins der genannten Probleme ist ja der Mangel an Information für Schwangere.

Den offiziellen Richtlinien zum Thema ist anzusehen, wie sehr mit der jeweiligen Formulierung gerungen werden musste. Eine relevante Broschüre der Bundeszentrale für gesundheitliche Aufklärung schreibt zum Beispiel: »Man weiß nicht genau, welche Menge Alkohol zu welchem Zeitpunkt der Schwangerschaft wie stark schaden kann. Deshalb gilt für die Gesundheit Ihres Kindes: Trinken Sie während der gesamten Schwangerschaft keinen Alkohol.« Das scheint mir vernünftig, denn die bestehende Unsicherheit wird klar benannt und dann eine klare Ansage gemacht: Da auf Alkoholkonsum im Allgemeinen ohne negative Konsequenzen verzichtet werden kann, sollte er im Sinne des Vorsorgeprinzips gar nicht erst stattfinden. Gleichzeitig wird auf Hilfsprogramme hingewiesen, um mit dem Trinken aufzuhören, und die harte Aussage wird mit dem Hinweis zumindest aufgeweicht, dass sich Leute, die unbemerkt schwanger waren und deshalb getrunken haben, nicht davon beunruhigen lassen sollen.

Andere Richtlinien sind weniger durchdacht: Die Autor:innen der genannten Meta-Studie berichten von einer Empfehlung der britischen Gesundheitsbehörde – inzwischen geändert –, die besagt, man solle den Konsum zu Beginn der Schwangerschaft ganz aussetzen und später auf ein bis zwei Drinks an ein bis zwei Tagen in der Woche begrenzen. Das Problem dabei: Diese Richtlinie ist im Grunde nur ausgedacht, eine Meinung, wenn man so will, in einem Bereich, in dem Fakten herrschen sollten (wenn man sie denn hätte).

Der Bereich der öffentlichen Gesundheit oder Population-Based Medicine, wie man auch in Deutschland inzwischen eher dazu sagt, kennt diese Situation nur zu gut. Es gibt eine Hypothese, auf die man experimentell keine Antwort finden kann, wie zum Beispiel: »Werden Schulschließungen einen entscheidenden Einfluss auf die Ausbreitung des neuen Coronavirus haben?« Mit besonders viel Glück kann man sich dabei auf Informationen berufen, die dieser Fragestellung recht nahekommen, zum Beispiel wenn andere Länder bereits auf Schulschließungen gesetzt haben oder wenn man die Belüftungssituation eines typischen Klassenzimmers im Labor nachstellen kann. Aber nichts davon eignet sich zur eindeutigen Klärung der Hypothese, sodass man am Ende immer eine Entscheidung auf der Basis unvollständiger Information treffen muss.

Für dieses Problem gibt es keine grundlegende Lösung. Man steht in so einem Moment vor der Aufgabe, eine Mauer zu bauen, bei der einige Ziegelsteine einfach fehlen. Umso wichtiger ist in dieser Situation das streng naturwissenschaftliche Vorgehen.

Auf einem solchen Moment der verzweifelten Suche nach strukturierten Fakten in einer Überforderungssituation fußt im Grunde die gesamte moderne Epidemiologie. Die Coronapandemie war, wie die Vorsitzende des Deutschen Ethikrats Dr. Alena Buyx durchaus treffend beschreibt, die größte gesellschaftliche Krise seit dem Zweiten Weltkrieg. Darüber vergisst man gern, dass Pandemien und Epidemien in der Vergangenheit mehr oder weniger beständige Begleiter der Menschheit waren. Nur die Dynamiken sind heute anders: Derzeit ist die Welt so gut vernetzt, dass sich neue Krankheitserreger viel schneller ausbreiten können. Früher, als unerkannt Infizierte noch einfach ein Schiff besteigen und die halbe Welt anstecken konnten, gab es die schlimmsten Ausbrüche manchmal bei Kriegseinsätzen oder Kolonisierungen, durch die ein Teil der Bevölkerung einem Erreger ausgesetzt wurde, den das Immunsystem noch nicht kannte. Deshalb sowie auch aufgrund der Tatsache, dass wir die Infektionen inzwischen viel besser verstehen, kann man frühere Krankheitsausbrüche nur schwer mit denen von heute vergleichen.

Die Cholera-Karte

Versetzen wir uns in das London des Jahres 1854. Damals ging die Cholera um und forderte je nach Stadtviertel eine teils verheerende Zahl an Menschenleben. Es war unklar, wie genau sich die Krankheit ausbreitete oder was man dagegen tun konnte. Letzten Endes war es ein örtlicher Arzt, Dr. John Snow, der diesen Knoten zum

Platzen brachte. Die Art, wie er das tat, ist zu einer Legende der Wissenschaftsgeschichte geworden und wird – wie alle Legenden – gern etwas inkorrekt wiedergegeben.

Meistens wird die Geschichte so erzählt: Dr. Snow zeichnete eine Karte von London und markierte die Cholera-Toten pro Gebäude. Dabei erkannte er eine Häufung von Todesfällen in einem ganz bestimmten Areal dieser Karte und verglich die Situation dort mit anderen Gebieten in London, in denen die Epidemie weniger stark wütete. Das Einzige, was ihm dabei als Unterschied auffiel, war, dass die stärker betroffene Region von einer bestimmten Wasserpumpe versorgt wurde. Snow schraubte den Hebel dieser Pumpe kurzerhand ab, sodass sich die örtliche Bevölkerung ihr Wasser woanders holen musste, und sah, wie die Todeszahlen daraufhin zurückgingen.

Nur ist das nicht genau das, was passiert ist. In Wirklichkeit startete Snow nicht mit einer Karte, sondern mit einer starken Hypothese. Und die hatte er bereits Jahre zuvor in einem Paper von 1849 beschrieben, in dem er zunächst die gängigen Annahmen über die Weitergabe der Krankheit darlegt und dann seine eigenen. Die übliche Strategie, der Krankheit auf den Grund zu gehen, so zeigt er auf, war damals, ihre Eigenschaften mit denen von anderen Krankheiten zu vergleichen. Welche Organe sind zuerst betroffen, wie schnell oder langsam ist der Verlauf? Kannte man den Verbreitungsweg einer anderen Krankheit mit ähnlichen Eigenschaften, dann wurde offenbar vermutet, dass sich die Cholera auch auf ähnliche Art weitergeben lassen musste. Snow sah das anders und achtete mehr darauf, wer sich bei wem anstecken konnte. Um wie bei Masern über die Luft stattzufinden, erschien ihm die Ausbreitung zu langsam. Über die Weitergabe von Blut funktionierte es aber eher auch nicht, dazu steckte man sich wiederum zu leicht an. Also stellte er die Hypothese auf, dass die Ansteckung über körperliche Ausscheidungen stattfindet. Er beobachtete, wie die schmutzigen Bettlaken einer betroffenen Familie in Wasser gewaschen wurden, das teilweise zurück in die örtliche Wasserversorgung geleitet wurde, und wie kurz darauf andere Menschen in der Umgebung krank wurden. Seine Daten wurden durch die Tatsache verzerrt, dass einige Familien zur Sicherheit aus dem Stadtviertel gezogen waren – dass er also die Wohnungsschlüssel unter der Straßenlaterne suchte, ihr erinnert euch –, aber dessen war er sich bewusst. Wie sehr viele wissenschaftliche Paper von heute endet auch sein Bericht mit einer Aufforderung an andere, die Forschung weiterzuführen. Aber da dieser Artikel fast 200 Jahre alt ist, klingt diese Aufforderung viel poetischer: »Falls die Meinung des Autors zutreffe, könnte die Cholera durch einfache Maßnahmen in Schach gehalten werden, die den sozialen oder kommerziellen Verkehr nicht beeinträchtigen würden; und der Feind wäre seines schlimmsten Schreckens geschoren.«

Von einer Karte ist in diesem Artikel noch nicht die Rede. Es gibt sie, und sie sieht heute noch eindrücklich aus: eine gezeichnete Straßenkarte Londons mit Balken, die die Zahl der Todesopfer abzählen, und gestrichelten Linien, die kennzeichnen, welcher Bereich von welcher Wasserpumpe versorgt wird. Ein wunderbares Symbol für den Beginn der Epidemiologie. Und es wundert mich, dass man sie nicht häufiger als Poster an der Wand sieht oder als Druck auf einem T-Shirt, das von einem Nerd getragen wird. Aber diese Karte war mehr die visuelle Bestätigung dessen, was als Hypothese bereits seit Jahren Bestand hatte. Snow war also eher Denker als Kartograf, aber deswegen nicht weniger beeindruckend.

Oh, und er schraubte natürlich auch nicht selbst den Hebel der Pumpe ab, aber als er seine Beobachtungen an die Behörden weiterleitete, wurde dieser Schritt sofort beschlossen und umgesetzt. Das hat die Legende also einfach nur einen Tick aufregender gemacht.

Sieht man heutzutage in den Medien eine Karte, auf der die regionale Verteilung bestimmter Dinge eingetragen ist (egal ob zu Infektionen oder verkauften Elektroautos), dann erkennt diese Karte häufig nicht an, dass bereits die Bevölkerung an sich auf eine bestimmte Art verteilt ist. Soll heißen: Wenn ich auf einer Deutschlandkarte einzeichne, wo die Menschen wohnen, die den Film *Cats* gesehen haben, und dann auf einer anderen Karte einzeichne, wo die sind, die jemanden mit bloßen Händen erwürgt haben, dann würden diese zwei Karten mit ziemlicher Sicherheit nahezu identische Verteilungen aufweisen. Das heißt aber nicht, dass der Film den Leuten den Verstand geraubt hat – obwohl das, nach allem was ich über ihn weiß, eine durchaus plausible Annahme wäre –, sondern bildet in beiden Fällen einfach nur ab, wo sich die meisten Menschen befinden. Mit Sicherheit wird es in Leipzig von beidem mehr geben als in der hessischen Gemeinde Linsengericht.

Um eine Aussage zu machen, müssen solche Karten nach Bevölkerungsdichte korrigiert werden. Ein Extremfall findet sich immer, wenn man sich kartografische Darstellungen der US-Präsidentschaftswahlen ansieht. Die Staaten Mississippi und New York sind in ihrer Landfläche nahezu gleich groß. Wenn einer der Staaten für die Republikaner stimmt und der andere für die Demokraten, wirkt das auf einer Karte wie ein ausgeglichenes Stimmenverhältnis: der eine Staat ist rot eingefärbt, der andere blau. Das ist aber sehr irreführend, da der Staat New York fast siebenmal mehr Einwohner hat als Mississippi. Manchmal wird diese Verzerrung ausgeglichen, indem den Staaten Säulen beigegeben werden, je nach Bevölkerungszahl unterschiedlich hoch; das wirkt aber schnell sehr unübersichtlich, da wir solche Darstellungen nicht gewohnt sind. Hinzu kommt, dass die dichter besiedelten Gebiete in den USA häufig eher zu den Demokraten neigen und die weniger dicht besiedelten eher zu den Republikanern, sodass die rechte Seite von diesen Bildern visuell mehr profitiert als die linke. In den sozialen Medien sieht man daher immer mal wieder das Gegenargument der Demokraten: »Land wählt nicht.«

Wir stellen fest: Karten können wie ein Laborjournal sehr gut dabei helfen, die eigenen Beobachtungen zu ordnen und über die Tücken der Wahrnehmung und des Gedächtnisses hinweg festzuhalten. Aber die Geschichte der Londoner Cholera genauso wie die mit dem Honig und die mit dem Alkohol sagt uns noch etwas anderes: Manchmal ist es nicht notwendig, über eine Sache sicher Bescheid zu wissen, um darauf zu reagieren. Gerade im Bereich Public Health, aber durchaus auch in anderen Disziplinen hat man oft einen Flickenteppich aus Datenpunkten, die experimentell abgesichert sind (also Fakten), und anderen, die diesen Anspruch niemals werden erfüllen können. Das ist unser *Problem 6*: Wir können nicht alles sicher wissen – auch nicht dann, wenn es um wichtige Entscheidungen geht. Manchmal muss man einfach den Hebel der Pumpe abschrauben, um Leben zu retten. (In der Medizin hört man manchmal den Begriff »diagnostische Entscheidung zweiter Ordnung«, besser bekannt als »Jetzt nehmen wir halt mal den Blinddarm raus, schaden kann das nicht und vielleicht war er ja auch tatsächlich das Problem«.)

Die Fermi-Schätzung

Diese Erkenntnis, dass man wichtige Entscheidungen oft auf der Basis einer lückenhaften Faktenlage treffen muss, kann sehr frustrieren. Oft *muss* man die Dinge aber auch nicht ganz genau wissen, es reicht meist eine Einteilung in die grobe Größenordnung. Und dabei meine ich das mathematisch-naturwissenschaftliche Verständnis des Begriffs »Größenordnung«, genauer gesagt die dezimale Größenordnung. Die lässt sich ganz einfach über die Anzahl der Nullen am Ende einer Zahl ablesen. Also wenn ich denke, ich habe hundert Euro in der Tasche, aber in Wirklichkeit befindet sich dort nur ein Zehn-Euro-Schein, dann habe ich mich um eine Größenordnung vertan, da die Zahl 100 eine Null mehr hat als die Zahl 10. Findet sich stattdessen nur eine einzelne 1-Euro-Münze in der Tasche, dann liege ich um zwei Größenordnungen daneben. Ein weiteres Beispiel wäre der Satz »Das Ergebnis liegt im Zentimeterbereich«: Damit legt man die Größenordnung fest, da sich Millimeter, Zentimeter und Dezimeter jeweils um eine Null am Ende unterscheiden.

Die dezimale Größenordnung mag wie eine sehr willkürliche Maßeinheit klingen, aber die Einteilung eines Ergebnisses in seine Größenordnung (anstatt seinen genauen Wert festzustellen) hat einen entscheidenden Vorteil: Viele Fragen, die fürs Erste unmöglich zu beantworten scheinen, lassen sich leicht innerhalb einer Größenordnung festlegen. Der Preis eines neuen PKWs liegt in der Größenordnung zehn hoch vier (10^4) Euro, also im Zehntausender-Bereich. Für den Alltag ist das meistens zu ungenau, denn vielleicht könnten wir uns ein Auto für 14 000 Euro leisten, aber eines für 52 000 Euro nicht. Daher belächeln wir die Einschätzung nach Größenordnung oft. Aber wir sprechen hier nicht nur über den Alltag, sondern über die Faktenfindung allgemein. Und deswegen geht es um den Physiker Enrico Fermi, der unter anderem an der ersten Atombombe mitgewirkt hat (und auf den Namen »Neutrino« kam; ihr erinnert euch).

Obwohl der Film *Oppenheimer* in der Vermittlung von Wissenschaftsgeschichte aus meiner Sicht viel richtig gemacht hat, musste er verständlicherweise einiges auslassen. Die Tatsache, dass der Film exakt drei Stunden lang ist (beziehungsweise drei Stunden und neun Sekunden), spricht dafür, dass sie am Ende einfach so lange rausgeschnitten haben, bis die magische Drei-Stunden-Marke erreicht war, ab der Filme oft als »zu lang« interpretiert werden. (Man erzählt sich, dass aus demselben Grund die Spieldauer des Films *Titanic* damals den Kinos gegenüber mit »zwei Stunden und 74 Minuten« angegeben wurde, aber ich kann nicht verifizieren, ob das wirklich gemacht wurde.) Enrico Fermi war eine von vielen Figuren, die dadurch leider zu kurz kamen, obwohl sie eine extrem wichtige Rolle bei der Entwicklung der Atombombe gespielt haben.

Wer nicht genau aufpasst, übersieht leicht, dass Fermi für einen der thematischen Dreh- und Angelpunkte im Film verantwortlich ist, nämlich die Frage, was wäre, wenn die Detonation der ersten Atombombe sehr viel stärker wird als angedacht; also so stark, dass sie ganz New Mexico oder sogar die ganze Welt zerstört. Im Film wie auch in Wirklichkeit gab es in der Nacht des ersten Atombombentests (Codename »Trinity«) unter den Physikern einen Jackpot für das Erraten der daraus resultierenden Stärke, und Fermi bot eine Nebenwette an über die Frage, ob der Test die Apokalypse auslöst oder nicht. Im Drehbuch wird diese Szene beschrieben, im Film nur darauf angespielt – vermutlich ebenfalls ein Opfer des Drei-Stunden-Limits. In der Filmszene sagt Oppenheimer, er tippe auf drei Kilotonnen, also eine Explosion in der Stärke, als würde man dreitausend Tonnen TNT aufeinanderstapeln und detonieren lassen. So steht es auch in der Oppenheimer-Biografie, die dem Film als Vorlage diente. Das ausführlichste Buch zum Bau der ersten Atombombe berichtet allerdings eine andere Zahl: Oppenheimer hätte auf bescheidene dreihundert Tonnen gewettet, also eine Größenordnung weniger.

So oder so herrschte vor dem ersten großen Knall eine beachtliche Unsicherheit über das Ausmaß der Kraft, die man damit entfesseln würde. Die Wetten gingen von einem Maximum von fünfundvierzig Kilotonnen bis zu einem Minimum von null – schließlich war es ein Test, und alle Tests können schieflaufen. Enrico Fermi war trotz (oder gerade wegen) seiner theoretischen Besorgnis über einen akuten Weltuntergang beim Test anwesend und unternahm kurzerhand seine eigene Messung: Seinen eigenen Angaben nach ließ er vor, während und nach der Druckwelle, die ihn von der Explosion erreichte, einige Papierschnipsel auf den Boden fallen. Da es windstill war, würde die Flugbahn des Papiers vor allem durch das Ausmaß der Explosion bestimmt werden. Er warf sie aus einer Höhe von etwa einem Meter achtzig ab und sie wurden etwa zweieinhalb Meter abgedrängt. Seine Entfernung zur Explosion war dabei etwa zehn Meilen. Aus diesen Informationen konnte er noch an Ort und Stelle eine grobe Schätzung zur Kraft der Bombe berechnen: zehn Kilotonnen TNT, also über beide berichteten Schätzungen Oppenheimers weit hinaus.

Wie richtig lag er mit seiner Einschätzung, beziehungsweise wie stark war die Explosion? Zunächst einmal führte die Explosion *nicht* zu einer Entzündung der Erdatmosphäre und zur unmittelbaren Auslöschung allen Lebens, erfreulicherweise. Aber die genaue Einschätzung der Sprengkraft dieses Tests ist alles andere als trivial. Obwohl zahlreiche Messgeräte und Kameras eingesetzt wurden, gab und gibt es Unsicherheiten über die Auswertung. Die erste offizielle Verlautbarung sprach von 18 Kilotonnen, mit einer relativ hohen Unsicherheit von zwanzig Prozent; nach dem Krieg wurde das auf 21 Kilotonnen hochkorrigiert. Vor wenigen Jahren, ganze fünfundsiebzig Jahre nach der ersten menschengemachten nuklearen Explosion, sollte das Ergebnis noch einmal nachgeprüft werden. Schließlich hat die Welt seither neue Messmethoden entwickelt sowie mehr als zweitausend Atombombentests durchgeführt. Das heißt, obwohl man den meisten dieser Tests vorwerfen könnte, aus politischen Gründen stattgefunden zu haben und nicht aus wissenschaftlichem Interesse, hat man durch sie zumindest mehr Erfahrung über das Messen ihrer Kraft gesammelt. Anders gesagt: Auch der alberne Vergleich von Penislängen ist streng genommen immer noch eine wissenschaftliche Messung.

Eine Herausforderung ist, dass von »Trinity«, der ersten nuklearen Explosion, nur sehr wenig Messbares übrig geblieben ist. Eine Sache allerdings schon: Durch die starke Hitze wurde der Sand um die Detonation herum zu Glas verschmolzen, dem heute so genannten Trinitit. Ähnlich wie bei Steinen aus der Berliner Mauer kann man Trinitit-Stücke im Internet kaufen, und ähnlich wie bei den Steinen muss man auch dabei aufpassen, keinen Fälschungen aufzusitzen. Wie dem auch sei, aus einigen (echten) Trinitit-Stücken hat man mithilfe radiochemischer Untersuchungen kürzlich geschlossen, dass der Wert der Explosionskraft noch mal ein klein wenig nach oben korrigiert werden muss: 24,8 Kilotonnen, plus oder minus zwei Kilotonnen. Das bedeutet, wenn wir noch einmal in der Zeit zurückspulen, sehen wir, dass Fermi mit einer Handvoll

Papierschnipseln innerhalb von Sekunden zu einer Einschätzung gelangt ist, die nur etwa um die Hälfte von dem weg war, was man heute, ein Dreivierteljahrhundert später, nach Tausenden weiterer Detonationen und chemischen Analysen feststellen kann. Wie hat er das gemacht?

Der Schnipsel-Moment gilt als die Geburtsstunde des Konzepts der Fermi-Schätzung. Dieser Begriff wird oft verwendet, um eine ganz grobe Schätzung über etwas abzugeben, das man einfach nicht weiß oder überhaupt nicht genau messen kann. Ein Beispiel: Vor einiger Zeit hat sich der US-Satiriker John Oliver in seiner Sendung *Last Week Tonight* darüber lustig gemacht, dass eine große Beratungsfirma bei ihren Einstellungsgesprächen Fragen stellt wie: »Wie viele Schweine gibt es in China?« Es wurde eine Vertreterin der Firma gezeigt, die meinte, es käme bei der Frage nicht auf die genaue Antwort an, sondern darauf, ob die Kandidat:innen in der Lage sind, bei unklarer Datenlage strategisch vorzugehen und das Problem in sinnvolle Kategorien einzuteilen. Der Moderator beschwerte sich darüber, dass der Test offenbar nur dazu geeignet sei, Leute auszuwählen, die besonders gut schwafeln können, ohne über irgendwas wirklich Bescheid zu wissen. Und vielleicht ist das ja auch das, wonach die Firma eigentlich sucht, das kann ich nicht einschätzen.

Was ich aber sagen kann, ist: Beide haben unrecht, denn was diese Frage wirklich abfragt, ist nur, ob man über die Fermi-Schätzung Bescheid weiß. Daher will ich euch hiermit auf ein eventuelles Vorstellungsgespräch vorbereiten oder auch nur auf eine Situation, in der ihr schnell wissen müsst, wie viele Schweine es in China gibt oder wie viele Klavierstimmer:innen in Chicago (ein weiteres klassisches Beispiel für diese Art von Problem).

Die Strategie ist ganz leicht: 1) Das Problem auf seine Einzelteile herunterbrechen; 2) Für jedes Einzelteil eine Zahl festlegen und innerhalb einer Größenordnung runden; 3) Alle Werte miteinander multiplizieren. Wichtig dabei: Habt den Mut, ungenau zu sein!

Wir Menschen neigen zum streng Analytischen, und Ungenauigkeiten verwirren uns oder machen uns wütend. Bei einer Fermi-Schätzung kann es gut sein, dass alle Menschen zwei Meter groß sind und das Jahr vierhundert Tage hat. Unsere instinktive Reaktion darauf ist üblicherweise: »Aber das ist doch falsch, und falsche Angaben bringen uns nichts.« Bei einer Fermi-Schätzung trifft das nicht zu, denn hier gelten andere Prinzipien: Wir halten uns an die Informationen, die wir haben, und zählen darauf, dass sich die Unsicherheiten und Unschärfen am Ende gegenseitig ausgleichen. Wir befinden uns im Grunde in einem mathematischen *Safe Space*, bei dem es vollkommen in Ordnung ist, einen Wert so abzuändern, dass man im Kopf mit ihm weiterrechnen kann. Wendet man diese Strategie auf das genannte Beispiel mit den Schweinen in China an, dann ergibt sich folgende Berechnung. (Bitte seht mir nach, dass hier sehr emotionslos über das Essen von Tieren gesprochen wird; ich wollte einfach das Beispiel aus der Sendung übernehmen.)

Ich breche das Problem zunächst auf seine Einzelteile herunter. Gehen wir davon aus, dass es in China genau so viele Schweine gibt, wie zur Abdeckung des Schweinefleischbedarfs bei der Bevölkerung notwendig sind. Dass die Fermi-Schätzung grob sein darf, erlaubt uns, alle anderen Zwecke zu ignorieren. Gehen wir weiter davon aus, dass ein Schwein eine Zeit lang am Leben ist, bevor es dieses Fleisch produzieren kann – das heißt, es gibt mehr Schweine in China, als für den akuten Fleischbedarf benötigt werden, da einige erst noch heranwachsen. Das bedeutet, ich muss jeweils eine Antwort auf die folgenden Teilfragen finden: Wie viele Menschen leben in China, wie viel Schweinefleisch essen sie pro Tag, wie viel Fleisch produziert ein Schwein, und wie lange muss ein Schwein am Leben sein, bis es die genannte Fleischmenge produziert?

Ich könnte diese Fragen natürlich einfach in eine Suchmaschine eingeben, aber bei der Fermi-Schätzung geht es ja gerade darum, das nicht zu tun. In dem Moment bin ich Enrico Fermi, der nichts zur Verfügung hat außer Papierschnipseln, und ich bin der erschrockene Kandidat beim Bewerbungsgespräch, der mit dieser Frage konfrontiert wird und sein Handy nicht in die Hand nehmen darf. Also traue ich mich, ungenau zu schätzen und zu raten: Ich weiß, es gibt über eine Milliarde Menschen in China, also nehmen wir genau diese runde Zahl. Ich weiß, dass Schweinefleisch in China beliebt ist, habe aber keine Ahnung, wie viel man durchschnittlich isst. Da ich aber weiß, dass eine übliche Fleischbeilage etwa zweihundert Gramm sind, behaupte ich jetzt, dass die durchschnittliche Person in China hundert Gramm Schweinefleisch pro Tag zu sich nimmt. Zur Erinnerung: Es ist erst einmal egal, wie zutreffend diese Einschätzung ist.

Ich habe keine Ahnung, wie viel Fleisch ein Schwein produziert. Aber ich nehme einfach mal einhundert Kilo, um dem Prinzip der dezimalen Größenordnung gerecht zu werden: Denn es wird bestimmt mehr als zehn Kilo sein und weniger als eine Tonne. Rechnen wir bis hierhin schon mal durch: Eine Milliarde Menschen mal einhundert Gramm pro Tag sind einhundert Millionen Kilo Fleisch pro Tag. Das geht im Kopf, und der nächste Schritt wird noch einfacher: einhundert Millionen Kilo Fleisch pro Tag geteilt durch einhundert Kilo Fleisch pro Schwein ergibt genau eine Million Schweine, die für den täglichen Bedarf benötigt werden.

Eine Sache, die ich überhaupt nicht einschätzen kann: Wie lange ist so ein Schwein auf der Welt, bis es geschlachtet wird? Hier sage ich nach dem Prinzip der Schätzung einfach mal: ein Jahr. Und wo wir gerade dabei sind, definiere ich das Jahr als einen Zeitraum von aufgerundet vierhundert Tagen. Dann multiplizieren wir das mit dem Wert von oben: Eine Million Schweine pro Tag mal vierhundert Tage, die sie auf der Welt sind, ergibt eine Zahl von vierhundert Millionen Schweinen, die es derzeit in China gibt.

Wie nahe ist das an der richtigen Lösung? Die neueste offizielle Zahl, die ich dazu finden kann, stammt vom Januar 2023, da vermeldet die chinesische Regierung einen Bestand von 452,56 Millionen Schweinen. Das heißt, ich bin um einiges näher an den echten Wert rangekommen, als ich selbst erwartet hatte, und bekomme jetzt bestimmt einen tollen Job in einer großen Beratungsfirma.

Spaß beiseite: In diesem Beispiel ist der Schätzwert ungewöhnlich nahe an der wirklichen Zahl. In der Welt der Fermi-Schätzung wäre auch ein um Faktor zwei verfehltes Ergebnis noch sehr gut gewesen, also die Hälfte oder das Doppelte des gesuchten Werts, wie bei Fermi und »Trinity«. Manchmal gilt auch Faktor zehn schon als Erfolg, also innerhalb der dezimalen Größenordnung. Der Grund dafür ist, dass diese Schätzungen eingesetzt werden können, um zu erfahren, ob eine weitere Überlegung überhaupt noch notwendig ist. Wenn ich innerhalb einer Stunde mit dem Zug nach Paris fahren könnte, würde ich das auf jeden Fall mal für einen Wochenendtrip machen. Wenn die Fahrtdauer aber über zehn Stunden beträgt, wäre mir das zu viel. Die Festlegung der Fahrtdauer auf die Größenordnung von einer bis zehn Stunden hilft mir bei der Entscheidung, weitere Überlegungen darüber anzustellen.

Bitte schickt mir übrigens keine Korrekturen darüber, wie viele Menschen es tatsächlich in China gibt oder wie hoch der dortige Pro-Kopf-Verbrauch an Schweinefleisch wirklich ist. Mit Sicherheit lag ich bei allen Werten weit daneben. Der Punkt ist hier aber, dass sich meine zweifellos unverzeihlichen Fehler im Laufe der Berechnung gegenseitig ganz gut ausgeglichen haben.

Ein kleines Caveat gebe ich noch mit: Als ich bei der Frage der Fleischproduktion pro Schwein auf einhundert Kilo gegangen bin, habe ich es mir etwas leichter gemacht, um dem Raum zwischen zehn Kilo und einer Tonne gerecht zu werden. Das war der besseren Lesbarkeit geschuldet. Ein anderes Maß macht hier eigentlich mehr Sinn, nämlich eine Annäherung an das geometrische Mittel. Da wird es für einen kleinen Moment etwas mathematischer, aber ich würde mich schlecht fühlen, euch das vorzuenthalten. Wenn es euch zu abstrakt wird, dann überspringt einfach den folgenden Absatz.

Für ganz grobe Schätzungen, bei denen wir nur einen oberen und unteren Extremwert abstecken können, macht das geometrische Mittel häufig mehr Sinn als das arithmetische Mittel (welches wir alle üblicherweise meinen, wenn wir von einem Mittelwert sprechen). Für das Beispiel Fleisch pro Schwein in Kilogramm suchen wir das geometrische Mittel zwischen zehn und eintausend. Um das zu tun, müssten wir mit Quadratwurzeln rechnen, und das ist hier zu kompliziert (schließlich sind wir immer noch im Bewerbungsgespräch). Stattdessen nehmen wir den Durchschnitt der Hochzahlen. Das klingt immer noch kompliziert, lässt sich aber mit ein klein bisschen Übung ganz leicht ausführen. Man muss sich nur daran erinnern, dass die Hochzahl die Anzahl der Nullen ist. Also zehn ist 10^1, oder anders gesagt eine Eins mit einer Null. Tausend ist dementsprechend 10^3, also eine Eins mit drei Nullen. Jetzt zählen wir die Hochzahlen zusammen und finden ihren Durchschnitt: eins plus drei gibt vier, geteilt durch zwei gibt zwei. Das geschätzte geometrische Mittel ist eine Eins mit zwei Nullen, also einhundert. In diesem Fall ist das identisch mit dem, was ich ohnehin geschätzt hatte (was gut ist, denn es lag ja sehr nahe am korrekten Ergebnis). Bei einem anderen Beispiel wird der Wert des geschätzten geometrischen Mittels deutlicher: Wie lange habe ich letzte Nacht die Serie *The Bear* geschaut? Mit Sicherheit mehr als zwanzig Minuten, aber weniger als vierhundert Minuten. Jetzt haben wir es nicht mehr nur mit Einsen zu Beginn der Zahl zu tun, daher kommt es jetzt auch auf die Koeffizienten an, also die untere Zahl. Zwanzig wäre 2×10^1, vierhundert ist 4×10^2. Gratulation! Ihr habt soeben die wissenschaftliche Notation gelernt, nach der ihr alle Zahlen bei Bedarf darstellen könnt. Und ich habe euch vorhin zwei Dinge vorenthalten: Zum einen suchen wir nicht nur den Durchschnitt der Hochzahl, sondern auch den der Koeffizienten. Und: Sollte bei der Hochzahl keine ganze Zahl herauskommen, dann runden wir die Hochzahl nach unten ab und nehmen das Gesamtergebnis mal drei. Das bedeutet hier: Der Schnitt der Koeffizienten (zwei und vier) ist drei, der Schnitt der Hochzahlen (eins und zwei) ist 1,5. Da das keine ganze Zahl ist, runden wir ab auf eins und landen damit bei 3×10^1, also dreißig Minuten, die wir aber aufgrund des Abrundens noch mal drei nehmen müssen: Für die Zwecke der Fermi-Schätzung habe ich letzte Nacht neunzig Minuten *The Bear* geschaut. Ich werde nicht verraten, wie nahe das an der Realität liegt.

An alle, die den Absatz übersprungen haben: willkommen zurück. Wenn ihr im Internet nach Beispielen für Fermi-Probleme sucht, werdet ihr zahlreiche absurde Fragen finden, an denen ihr euch austoben könnt. Aber was haben wir jetzt daraus gelernt außer einer neuen Methode, auf Partys anzugeben? Was bringt uns die Fermi-Schätzung für die Frage nach Fakten und Meinungen? Im Grunde dient dieses Thema als kleine Knautschzone für das große Problem, dass wir manche Dinge nicht sicher oder nicht ausreichend genau wissen können. Die Fermi-Schätzung sagt: Manchmal muss man es auch nicht ganz genau wissen. Sie legt uns damit nahe, zwischen Naturwissenschaft und Alltag zu unterscheiden. Der Honig für die Säuglinge und der Hebel der Londoner Wasserpumpe sagen uns: Man muss auch mal ohne harte, prüfbare Datengrundlage eine selbstbewusste Entscheidung treffen.

In meinem Gespräch mit Freddy über einem inzwischen kalt gewordenen Curry konnte ich das nicht alles so detailliert wiedergeben. Ich wollte ihm nicht mit Potenzrechnungen auf den Geist gehen und redete stattdessen darüber, wie man manchmal die Dinge nicht so genau feststellen kann und das in vielen Zusammenhängen auch durchaus okay ist. Das war ein Fehler, denn in dieser Kürze können meine Ausführungen ganz schnell falsch verstanden werden: So, als würde ich sagen, dass es eigentlich gar keine Fakten gibt, sondern nur Meinungen.

Dabei war das überhaupt nicht das, worauf ich in dem Gespräch hinauswollte! Es ging mir nur um eine Klarstellung, dass unser Anspruch gegenüber Fakten wirklich sehr hoch ist. Unsere Wahrnehmung, unser Gedächtnis, unser Alltag – nichts ist darauf ausgerichtet, Fakten zu finden oder zu verwenden. Das Gehirn liefert von sich aus zunächst mal keine nachgewiesenen Fakten, sondern nur Geschichten und Interpretationen. Und wenn wir eine Reise nach Paris planen oder beim Rausgehen einen Regenschirm einpacken, dann tun wir auch das nicht auf Basis geprüfter Fakten, sondern auf der von Erfahrungen und Einschätzungen.

Trotzdem *gibt* es sie natürlich, die Fakten. Manchmal *kann* man etwas genau bestimmen, und manchmal *muss* man das sogar. Egal, was uns das für den Alltag bringt – wann immer es geht, hört die Naturwissenschaft nicht auf zu suchen, bis sie eine eindeutige Lösung gefunden hat, also den Fakten auf die Spur gekommen ist. Und das macht sie mithilfe einer klaren Methode.

Problem 7. Die Macht der Magie, oder: Wir beobachten manchmal Unerklärliches

Sherlock Holmes (gespielt von Benedict Cumberbatch, meinem Lieblings-Holmes-Darsteller) kniet sich neben ein Auto, in dessen Kofferraum eine Leiche liegt. Inspector Lestrade (gespielt von Rupert Graves, meinem zweitliebsten Lestrade-Darsteller nach Eddie Marsan) ist von der Situation wie so oft sehr verwirrt: Bei dem Toten befinden sich Gegenstände aus einem Flugzeug, das am Tag zuvor abgestürzt ist. In seiner Ratlosigkeit wendet er sich an Sherlock: »Irgendwelche Ideen?« Die Antwort von Holmes lautet: »Acht, bisher.« Dann schaut er sich die Sachlage noch einmal genauer an: Flugticket, Reisepass und so weiter. »Na gut, vier Ideen.« Kurz darauf: »Vielleicht zwei Ideen.«

Was sich dabei in Sherlocks Gehirn abspielt, das Einteilen verschiedener Ideen oder Erklärungen, lässt sich als das Zurechtschneiden eines Baums verbildlichen: Äste, die keine Früchte tragen, werden kurzerhand abgeschnitten. Der Meisterdetektiv hat sich alle vorstellbaren Erklärungen für die Vorkommnisse zurechtgelegt – in diesem Fall waren es acht – und reduziert sie dann im Abgleich mit den verfügbaren Daten und Messwerten. Idealerweise ist dabei jede Idee eine handfeste Hypothese, wie bei dem Beispiel mit dem Joghurt im Kühlschrank, also eine Annahme, die ihre eigenen Vorschläge mitbringt, wie sie getestet werden kann und was es zu bedeuten hat, wenn sie bestätigt oder widerlegt wird.

Dieser Sherlock-Prozess, dieses Stutzen von Hypothesen auf so wenige wie möglich, ist aus meiner Sicht der zentrale Kern jeder Art von Naturwissenschaft. Daher müssen wir uns das ganz genau anschauen.

Das »aus meiner Sicht« musste ich hinzufügen, da es auch andere Stimmen dazu gibt. Nicht alle Wissenschaftler:innen würden zustimmen, dass dieser Kampf der Hypothesen allen naturwissenschaftlichen Disziplinen gemein ist. Ich verweise auf einen Online-Artikel des Physikers Lee Smolin mit dem wunderschönen Titel »Es gibt keine wissenschaftliche Methode«. Darin wird beschrieben, dass Forschende sich in Wirklichkeit gar nicht an den Sherlock-Prozess halten, sondern opportunistisch vorgehen: Das, was funktioniert, wird gemacht. Dass es dennoch einen wissenschaftlichen Zusammenhalt gibt, liegt daran, dass anstelle gemeinsamer Methoden eine gemeinsame Ethik zur Anwendung kommt: Man einigt sich darauf, die Daten und Zahlen sprechen zu lassen, um zu einer Meinung zu kommen. Und man einigt sich weiter darauf, dass dort, wo die Daten und Zahlen nicht ausreichend vorhanden sind, ein breites Feld unterschiedlicher Meinungen akzeptiert wird.

Klingt eigentlich ganz toll, aber darauf erwidere ich: Das machen Forschende in Wirklichkeit doch auch nicht. Von außen ist die Naturwissenschaft zwar geprägt durch hohe Ziele und ein starkes philosophisch-ethisches Fundament. Von innen ist sie aber meist angetrieben von verstaubten Zahnrädern, die vor langer Zeit beim günstigsten Anbieter bestellt und unter Zeitdruck zusammengeschraubt wurden. Genau aus diesem Grund reicht es nicht, darüber zu sprechen, wie der Kampf der Hypothesen im Idealfall funktioniert, sondern wir müssen auch thematisieren, welche Schwierigkeiten es dabei in der Realität gibt. Und in ebendieser Realität ist es manchmal schlichtweg unmöglich, unterschiedliche Meinungen gleichermaßen zu respektieren. Zum Beispiel wenn es darum geht, eine Maskenpflicht einzuführen oder nicht. Dann gilt es, die Entscheidung zu treffen, die eine günstigere Kosten-Nutzen-Bilanz aufweist, und das ist im Fall von Corona das Tragen von Masken.

Üblicherweise beginnt ein Streit über Fakten und Meinungen damit, dass man uns eine *potenzielle Tatsache* präsentiert, an die eine *potenzielle Erklärung* angehängt wird. »Mein Nachbar ist immer ruppig zu mir, weil er mich nicht leiden kann«, wäre eine solche Kombination. Oder auch: »Der menschengemachte Klimawandel ist eine Lüge, die uns die Politik auftischt.« In diesem Fall wäre die potenzielle Tatsache »Es gibt keinen menschengemachten Klimawandel«, und das mit der Politik wäre die potenzielle Erklärung für anderslautende Information. Oder ich werde bei einer Zaubershow auf die Bühne geholt, und der Magier mit Zylinder und Schnauzbart schaut mir in die Augen und nennt auf Anhieb meine vollständige Telefonnummer. Hier wäre die Erklärung nicht ausgesprochen, sondern impliziert: Der Zauberkünstler hat übersinnliche Fähigkeiten und kann meine Gedanken lesen.

In all diesen Fällen muss zunächst versucht werden, die *Tatsache* zu überprüfen. Wie wir bereits festgestellt haben, ist das alles andere als trivial: Unsere Sinne legen uns gern mal rein, ebenso wie unser Gedächtnis. Die präsentierten Tatsachen müssen daher so gut und so wissenschaftlich untersucht werden, wie es geht. Zum Beispiel: Woran mache ich eigentlich fest, dass der Nachbar ruppig zu mir ist? Die Überprüfung der präsentierten Situation erfolgt daher als Erstes, noch bevor wir uns der präsentierten Erklärung zuwenden. Der Grund für diese Reihenfolge ist: Wenn wir feststellen, dass die Tatsache so wie präsentiert überhaupt nicht richtig ist, dann müssen wir uns auch keine weiteren Gedanken über die Erklärung machen. Das Beispiel mit dem Klimawandel wäre so ein Fall, da hier bereits die Behauptung nicht stimmt.

Bei dem Zauberkünstler ist die Datenlage der präsentierten *Tatsache* zunächst mal sehr klar. Stellen wir uns die folgende Situation vor: Ich wurde überraschend aus dem Publikum auf die Bühne gerufen, wo ich nun stehe. Ich habe den Magier noch nie zuvor gesehen. Zunächst stellt er mir ein paar simple Fragen über mich, die nichts mit meiner Telefonnummer zu tun haben. Dann fuchtelt er kurz theatralisch mit den Händen in der Luft herum, schaut mir in die Augen und nennt langsam nacheinander jede Zahl meiner Telefonnummer in der richtigen Reihenfolge, ohne dabei unsicher zu wirken. Er holt sich von mir eine Bestätigung, dass die Zahlen richtig sind, dreht sich zum Publikum und ruft laut: »Die Macht der Magie!«

In dieser Situation kann ich mir die präsentierte Tatsache nicht schönreden: Der Magier hat etwas scheinbar Unmögliches vollbracht. Die *Fakten* liegen auf dem Tisch, aber man kann sehr unterschiedliche *Meinungen* darüber haben, was gerade stattgefunden hat. Es ist damit unser *Problem 7*: Wir beobachten manchmal Unerklärliches. Die Herausforderung ist nun, die präsentierte Erklärung einzuschätzen: Handelt es sich bei dem, was ich eben beobachtet habe, tatsächlich um Magie? An dieser Stelle ändert sich die Strategie der Wahrheitsfindung radikal. Im ersten Teil des Buchs haben wir getestet, überprüft und hinterfragt. Das war passend für die Ebene der Tatsachen. Wenn es aber um Erklärungen geht, dann tun wir das zunächst nicht, sondern wir denken uns stattdessen *weitere* Erklärungen aus.

Das mag sich merkwürdig anfühlen, ist aber tatsächlich der sinnvollste nächste Schritt: vor dem Wahrheitscheck zunächst brainstormen. Allerdings muss dieses wilde Ausdenken von Erklärungen bestimmten Vorgaben folgen. Überraschenderweise spielt es dabei keine Rolle, wie plausibel die Erklärungen sind. Ähnlich wie bei der Fermi-Schätzung ist uns die Nähe zur Wahrheit erst einmal ziemlich egal. Es kommt vielmehr darauf an, ob die Erklärung (zumindest in der Theorie) geprüft werden könnte und ob sie (zumindest in der Theorie) widerlegt werden könnte. Ebenso sollte sie *alles* erklären können, was nachweislich beobachtet wurde.

Im echten Leben gehen wir anders vor. Wenn wir einfach uns selbst überlassen sind, dann wählen wir die Strategie, die sich am besten anfühlt: Man schnappt sich eine Erklärung und versucht alles, um sie mit Daten zu unterfüttern. Die Tatsache, dass diese Strategie so tief in uns verankert ist, ist auch der Grund dafür, warum uns die Antwort von Sherlock Holmes so ungewöhnlich beziehungsweise sogar lustig erscheint. Wer hält schon mehrere Ideen gleichzeitig im Kopf, die verfolgt werden müssen? Das Verfolgen der ersten Erklärung ist unsere Default-Lösung, obwohl sie ganz offensichtlich ein riesiges Problem hat: Was, wenn meine Ursprungsidee falsch ist?

Es gibt inzwischen eine ganze akademische Konferenz, die diese Frage auf die Schippe nimmt: Beim BAHFest, wo BAH für »bad ad-hoc hypotheses« steht, stellen Wissenschaftler:innen ihre bekloppttesten Ideen vor, die sie dann aber mit Daten zu belegen versuchen. In Fachsprache, Form und Darstellung folgen sie dabei den Erwartungen an die Forschung (oder zumindest an forschungsnahe Formate wie die TEDTalks). Einen meiner Lieblingsvorträge hat die Molekularbiologin Prof. Sarah Hird gehalten, die erklärt, warum Säugetiere schlafen: Sie haben einfach komplett die Schnauze voll und brauchen eine Auszeit von sich selbst. Sie unterfüttert das mit Daten, die zeigen sollen, dass die Schlafzeit der Tiere pro Tag immer dem anzunehmenden Level an Zufriedenheit mit sich selbst entspricht. Giraffen und Elefanten, die in der wunderschönen Savanne leben und allseits beliebt sind, schlafen sehr wenig. Das Opossum, das im US-amerikanischen Raum vor allem mit dem Herumkramen in Mülltonnen in Verbindung gebracht wird, flüchtet sich dagegen in die längstmögliche Bewusstlosigkeit. Das war in dem Jahr dann auch der Gewinnervortrag, sodass Prof. Hird die begehrte BAHFest-Trophäe gewann: eine Statue, die den frühen Chemiker Hennig Brand dabei zeigt, wie er seinen eigenen Urin destilliert, um mehr über den Stein der Weisen zu erfahren.

Diese Konferenz ist bei Wissenschafts-Nerds sehr beliebt, weil sie gezielt ein Gesetz bricht, das in der Forschung meist ungeschrieben bleibt und dennoch allen bewusst ist: Wer sich die erstbeste Erklärung schnappt und diese zu belegen versucht, macht es eindeutig falsch. Aber gleichzeitig sollen kreative und innovative Erklärungsmodelle gefunden werden. Die Vorträge beim BAHFest (ins Leben gerufen von dem genialen Cartoonisten Zach Weinersmith, Grüße gehen raus) nehmen den Wissenschaftsbetrieb auf die Schippe, indem sie die feine Linie zwischen diesen gleichzeitigen Forderungen nicht nur überschreiten, sondern sich ganz bewusst darüber lustig machen.

Erklärungen generieren

Kommen wir zurück zum Magier und der Telefonnummer. Welche Erklärungen fallen euch unter den genannten Gesichtspunkten – die Erklärung sollte prüfbar sein und möglichst alles Beobachtete abdecken – für das Vorkommnis ein? Nennen wir die präsentierte Erklärung einfach Möglichkeit A und arbeiten uns dann weiter durch alle Möglichkeiten, die uns dazu einfallen. Ich schlage folgende vor:

- Der Magier hat tatsächlich übersinnliche Fähigkeiten (die präsentierte Erklärung).
- Er hat eine ausgedachte Reihe von Zahlen genannt, die vollkommen zufällig meiner Telefonnummer entspricht.
- Er hat sich aus der Ferne in mein Telefon gehackt.
- Er hat gehört, wie ich vor einer Stunde auf dem Weg zur Zaubershow meine Nummer an den Ehemann einer Bekannten weitergegeben habe, die zufällig bei der gleichen Veranstaltung ist.

Fallen euch noch weitere ein? Für all diese Erklärungen könnten sich Hinweise finden lassen, sofern sie denn zutreffen sollten. Das bedeutet auch: Eine mögliche Erklärung wie »Mein ganzes Leben ist eine inszenierte Fernsehshow, und dieser Zaubertrick ist der Versuch des Magiers, mir diese Tatsache nahezubringen« wäre hier nicht gültig, da sie wie weiter oben besprochen nicht widerlegbar ist und daher ignoriert werden kann.

An dieser Liste wird vielleicht auch deutlich, warum ich die ganze Zeit von *Erklärungen* spreche und nicht von *Hypothesen* wie weiter vorn: Wie ihr euch erinnert, muss eine Hypothese gewisse Ansprüche erfüllen. Vor allem muss sie direkt die Information mitliefern, wie man sie überprüfen und widerlegen kann. Bei den Erklärungen geht es uns um etwas anderes; hier wollen wir auf Gedanken kommen, aus denen wir überprüfbare Hypothesen *ableiten* können. Das ist auch von daher gut, weil die Ansprüche an Hypothesen strenger sind, und das würde uns bei unserer lockeren Brainstorming-Atmosphäre nur aufhalten.

Nachdem wir so viele Erklärungen wie möglich generiert haben, überlegen wir uns, wie wir sie testen könnten. Sollte der Magier zum Beispiel übersinnliche Fähigkeiten haben (Möglichkeit A), dann könnte er die auch anders unter Beweis stellen. Er könnte Weiteres über mich feststellen (wie die Namen meiner Kinder) oder noch von jemand anderem im Publikum die Telefonnummer nennen.

Die Möglichkeit B, also dass die Reihe nur spontan ausgedacht ist, ist mein persönlicher Liebling, da sie sich mithilfe von Statistik bearbeiten lässt: Die allermeisten Menschen im Publikum werden vorrangig eine Handynummer verwenden, die von einem der größten Anbieter in Deutschland vergeben wurde. Die scheinen zusammen neunzehn unterschiedliche Vorwahlen zu verwenden*, meist gefolgt von acht Ziffern. Wenn wir davon ausgehen, dass sowohl Vorwahl wie auch die einzelnen Zahlen zufällig zugeteilt werden,

* Der Einfachheit halber habe ich fünfstellige Vorwahlen hier weggelassen.

dann ergeben sich einhundert Millionen Möglichkeiten für die Zahlen, mal neunzehn Vorwahlen, also 1,9 Milliarden mögliche Kombinationen, die in dieser Situation alle ungefähr gleich wahrscheinlich sind (ich sage »ungefähr«, da ich davon ausgehe, dass bestimmte Kombinationen womöglich gar nicht vergeben werden, wie zum Beispiel 12345678 oder 11111111). Die Wahrscheinlichkeit, eine solche Zahlenreihe aufs erste Mal zu erraten, beträgt eins durch 1,9 Milliarden; das ist ungefähr gleich hoch wie die Wahrscheinlichkeit, bei einunddreißig Münzwürfen hintereinander immer »Kopf« zu werfen. Also nicht unmöglich, aber mehr als extrem unwahrscheinlich.

Obwohl diese Möglichkeit in dem hier beschriebenen Fall nahezu ausgeschlossen ist, lege ich euch folgende Strategie ans Herz: Wenn Möglichkeit A immer die von außen präsentierte Erklärung ist, dann sollte Möglichkeit B immer lauten »Es war Zufall«. Der Grund dafür ist, dass Zufall viel zu oft als mögliche Erklärung übersehen wird. Dazu ein kurzes Zahlenspiel: In Deutschland leben derzeit knapp vierundachtzig Millionen Menschen. Über die Geschlechter gemittelt werden diese Menschen im Schnitt knapp einundachtzig Jahre alt. Das bedeutet, sie erleben jeweils etwas über 29 000 Nächte. Wenn man jetzt die Einwohnerzahl durch die Zahl der Nächte im Leben dividiert, dann heißt das: Wenn es etwas gibt, von dem jeder Mensch in Deutschland nur einmal im Leben träumt, dann findet dieser Traum jede Nacht fast dreitausend Mal im ganzen Land statt. Stirbt zum Beispiel eine sehr prominente Person völlig unerwartet, wird es daher Tausende Menschen geben, die den ehrlichen Satz sagen werden: »Ich habe noch nie im Leben davon geträumt, dass diese Person stirbt, aber ausgerechnet an dem Tag, während ich es geträumt habe, ist es passiert.« Und das rein durch Zufall!

Möglichkeit C, dass sich der Magier irgendwie in mein Handy gehackt hat oder auf andere technische Art die Nummer von außen abgelesen hat, ist zumindest in der Theorie überprüfbar, auch wenn ich nicht auf Anhieb wüsste, ob es technologische Möglichkeiten dafür gibt und wenn ja, welche.

Die Wahrscheinlichkeit von Möglichkeit D, also dass der Magier oder jemand aus seinem Team gehört hat, wie ich meine Nummer nenne, hängt natürlich davon ab, ob ich sie zufällig auf dem Weg zum Event laut ausgesprochen habe oder nicht. Vielleicht bin ich bei solchen Dingen so vorsichtig, dass ich das für mich ausschließen kann. Auf der anderen Seite müsste der Magier es auch gar nicht nur dem Zufall überlassen: Bei einem Geistheiler in den USA wurde einmal aufgedeckt, dass Mitarbeitende vor der Show Unterhaltungen mit einzelnen Leuten im Publikum angefangen haben, um an Informationen heranzukommen. In den USA ist es durchaus sehr viel gängiger als in Deutschland, in einer beiläufigen Unterhaltung mit Wildfremden auch über persönliche Details zu sprechen. Wenn das zu auffällig ist, können auch andere Mittel ergriffen werden: Manchmal wurden die Leute aufgefordert, ihre Wünsche auf Gebetskarten zu schreiben und anonym abzugeben. Solange dabei gut genug aufgepasst wird, wer welche Karte abgibt, können auch auf diese Art teils intime Informationen gesammelt und auf der Bühne präsentiert werden. Im entsprechenden Business wird diese Strategie *hot reading* genannt.

Damit sind wir alle Erklärungen durch, aber der letztgenannte Punkt bringt uns auf noch eine neue, also sozusagen auf Erklärung E. Denn es gibt nicht nur das *hot reading*, sondern auch das *cold reading*, bei dem Informationen aus einer Person herausgezogen werden, während man sie anschaut oder mit ihr interagiert. Geübte Mentalist:innen – so nennen sich heute häufig diejenigen, die übernatürliche Fähigkeiten zur Unterhaltung einsetzen – können da absolut erstaunliche Dinge vollbringen, für mich nicht weniger beeindruckend als Hochleistungen im Sport. Sie kombinieren Wahrscheinlichkeiten, die man nicht unbedingt auf dem Schirm hat (Die Aussage »Ein geliebter Mensch ist an einem Herzleiden gestorben« ist bei mehr Menschen zutreffend, als man denkt), oder machen sogenannte Barnum-Aussagen, die sich anfühlen, als würden sie spezifisch auf einen selbst zutreffen, obwohl sie in Wirklichkeit fast universal gültig sind. Bei einer Aufgabe wie der Telefonnummer schauen sie hingegen vielleicht auf kleine, unbewusste Reaktionen, die Überraschung oder Ablehnung verraten, wenn eine Ziffer richtig oder falsch geraten wurde.

Ich hatte von Berufs wegen das Glück, mich mit einem prominenten Vertreter dieser Kunst austauschen zu können: Der Mentalist Timon Krause hat einmal bei *MAITHINK X* mitgemacht, und da konnte ich ihn in einer Situation beobachten, in der ich mir sicher war, dass er nicht bereits vorher irgendwelche Informationen über Leute im Publikum hatte, und ihm hinterher ein paar Fragen stellen. Timon war ganz offen damit, woher seine Fähigkeiten kommen (und dass auch andere sie lernen können). Bei seinem Auftritt in der Show konnte er mühelos Berufe und Geburtstage benennen, nach einer kurzen Reihe gezielter Fragen und der genauen Beobachtung der Reaktion darauf. Allerdings sagt er auch, dass es nicht immer perfekt funktioniert.

An diesem Punkt haben wir alle potenziellen Erklärungen, die uns eingefallen sind, grob eruiert. Jetzt lassen wir sie mental gegeneinander antreten. Welche liefern bereits ihre eigene Wahrscheinlichkeit mit? In unserem Fall ist das nur die mit dem zufälligen Erraten, und die Wahrscheinlichkeit ist so gering, dass wir sie als Erklärung ausschließen können. Welche geben uns klare Handlungsanweisungen, mit denen wir unsere Annahmen prüfen könnten? Zumindest mal die, die vom Magier präsentiert wurde, denn wir könnten ihn bitten, seine übernatürliche Fähigkeit ein weiteres Mal unter leicht anderen Bedingungen vorzuführen. (Nur würde er das vermutlich nicht mitmachen.)

Denen unter euch, die einen Hintergrund in Geistes- oder Naturwissenschaften haben, schwitzen bereits seit ein paar Absätzen die Handflächen. Denn ich habe hier komplett eigenmächtig das Konzept der *Hypothese* mit dem der *Theorie* zusammengeworfen und einen Mischmasch aus beidem als »Erläuterung« oder »Möglichkeit« bezeichnet. Dabei hatten wir das Konzept der Hypothese bereits kennengelernt und beschrieben. Das waren die testbaren Ideen, die auf jeden Fall widerlegbar sein müssen. Unter einer Theorie verstehen wir etwas vollkommen anderes: Das ist eine Erklärung oder ein Gedankenmodell, aus dem sich Hypothesen ableiten lassen. So ließ sich Einsteins Hypothese eines anderen Sternenhimmels bei der Sonnenfinsternis aus seiner Relativitätstheorie ableiten, und aus der Evolutionstheorie kann man auf Basis der Umgebung gezielte Annahmen über das Aussehen der Tiere ableiten, die sich dort entwickelt haben. In unserem derzeitigen Beispiel lautet das zugrunde liegende Konstrukt: »Es gibt Menschen, die tatsächlich Gedanken lesen können, und der Magier auf der Bühne ist einer davon.«

Zunächst interessiert uns dabei nicht, ob das grundsätzlich widerlegbar ist oder nicht, solange sich überprüfbare Annahmen daraus ableiten lassen. Streng genommen kann man eine Theorie selbst also nicht überprüfen (sondern nur die Hypothesen, die aus ihr hervorgehen) und eigentlich auch niemals endgültig bestätigen. Darüber sprechen wir im nächsten Abschnitt. Für den Moment ist wichtig: Was wir testen, sind Hypothesen. Diese können aus ganz unterschiedlichen Quellen kommen: Vielleicht nur aus einer einzelnen Beobachtung, ohne dass wir uns über eine übergeordnete Theorie dazu Gedanken machen müssen (»Der Türgriff an meinem Ikea-Schrank sieht locker aus. Wenn ich drantippe, fällt er bestimmt ab«). Oder sie lassen sich aus einem großen, breit angelegten theoretischen Konstrukt ableiten, so wie bei Einstein und dem Nachthimmel während der Sonnenfinsternis.

Dann stellen wir weitere Hypothesen auf und testen, was das Zeug hält. In vielen naturwissenschaftlichen Studien werden mehrere Hypothesen auf einmal getestet, oder es gibt Hypothesen mit mehreren Teilen. Sie sind alle so formuliert, dass sie klar widerlegt werden können, und bei allen überlegen wir uns vorher, was ihre

Widerlegung bedeuten würde. Zum Beispiel: »Außer meiner Telefonnummer kann der Magier auch meine Kreditkartennummer erraten.« Sollte der Magier dabei scheitern, obwohl es ihm bei der Telefonnummer gelungen ist, wäre das ein Hinweis darauf, dass seine Kräfte spezifisch für die Telefonnummer sind. Das würde gegen echte Magie sprechen und auch gegen die Verwendung von *cold reading*. Stattdessen würde es eher dafür sprechen, dass er meine Nummer über andere Mittel erfahren hat, zum Beispiel über ein *hot reading* wie oben beschrieben.

Diese grundlegende wissenschaftliche Methode kann in jeder Situation angewendet werden. Wird etwas als Fakt präsentiert und eine Erklärung dazu angeboten, dann gilt es zunächst, die Datenlage so gut wie möglich festzuzurren (und dabei immer die Lehren aus Teil 1 im Hinterkopf zu behalten). Dann werden alle potenziell möglichen weiteren Erklärungen generiert, einschließlich der Zufallserklärung. Dann werden widerlegbare Hypothesen erstellt, die eine Aussage über eine oder mehrere der Erklärungen machen können. Und diese Hypothesen werden dann getestet.

Dies ist ein mühsames Geschäft, das oft ohne rechtes Ergebnis bleibt. In der echten Welt haben wir nicht immer ausreichend Informationen, um vernünftig fundierte Theorien aufzustellen. Und selbst wenn wir superstarke Hypothesen haben, die eindeutige Klärung bringen würden, haben wir meistens nicht die Möglichkeit, sie zu testen. So auch im Fall mit dem Magier, der sich nicht darauf einlassen wird, seinen Trick unter leicht anderen Bedingungen noch einmal durchzuführen. Oder wie bei dem erwähnten Nachbarn, der ruppig zu mir ist. Da wäre eine tolle Hypothese, dass er einfach generell zu allen im Haus ruppig ist, aber das kann ich nur schwer herausfinden. Außer vielleicht ich gebe eine Gartenparty, bei der alle anderen Nachbarn eingeladen sind und ich das Thema subtil ansprechen kann. Aber wenn ich alle einlade bis auf diesen einen Nachbarn, dann macht ihn das vermutlich noch viel ruppiger, sodass wir das Ergebnis durch unsere Messung verfälscht haben. Dieses spezielle Problem gehört zu den wenigen Dingen in der Wissenschaft, die Forschende sowohl in der Sozialwissenschaft wie in der Quantenphysik betrifft.

Wir sind daher ein weiteres Mal an einem Punkt, an dem wir entscheiden müssen, welchen Anspruch wir an die Datenlage haben, mit welchen Fakten wir uns zufriedengeben, bevor wir uns eine Meinung dazu bilden. Wie Sherlock Holmes müssen wir unsere Erklärungsmodelle nach und nach abarbeiten, eines nach dem anderen widerlegen, indem wir Hypothesen testen, die dazu geeignet sind, sie zu verwerfen. Das machen wir so lange, bis wir nur noch eine Erklärung in der Hand haben, die dann die richtige ist (und zwar, wie Sherlock sagt, ganz egal, wie unwahrscheinlich sie uns erscheinen mag).

Allerdings machen wir dabei auch gern einen ganz bestimmten Fehler. Und der ist schlimm genug, dass er hier als eigenes Problem formuliert werden soll.

Problem 8. Überlichtschnelle Teilchen, oder: Wir halten zu sehr an einer Annahme fest

Dieses spezielle Problem hat ein Psychologe gleich auf mehrere Arten besonders eindrücklich demonstriert. Peter Wason stellte seinen Versuchspersonen teilweise recht eigenartige Aufgaben, bei denen sie zugrunde liegende Regeln erkennen sollten. Eine, die es in der Psychologie zu großer Bekanntheit gebracht hat, geht folgendermaßen: Wason gab den Leuten eine Zahlenreihe vor, zum Beispiel 2, 4, 6. Er sagte dazu, dass diese Abfolge einer Regel beziehungsweise einem Muster folgt, die nur der Versuchsleiter selbst kannte. Die Aufgabe der Versuchspersonen war es, eigene Zahlenreihen zu generieren, von denen Wason dann angab, ob sie der Regel entsprachen oder nicht. Das konnten sie so lange tun, bis sie sich sicher waren, das zugrunde liegende Muster erkannt zu haben. Als Beispiel: Wenn die Regel wäre »Die nächste Zahl ist immer um zwei höher«, dann konnte die Versuchsperson die Zahlenreihe 10, 12, 14 nennen, was Wason als »richtig« werten würde, oder auch zum Test die Zahlenreihe 4, 8, 16, was als »falsch« zählen würde. Die zwei Kernfragen sind hier: Welche Zahlenreihen sind dazu geeignet, meine Annahme zu prüfen, und wann halte ich meine Annahme für ausreichend gesichert? Anders formuliert: Wann halte ich meine Meinung für so bestätigt, dass ich sie als Fakt in die Welt hinausschreien will?

Der Twist bei dieser Aufgabe war, dass die echte Regel einfach lautete: »Die Zahlen werden immer größer.« Sie war also trügerisch simpel, denn meistens hatten die Leute kompliziertere Regeln im Kopf – die daraus resultierenden Zahlenreihen galten dennoch als korrekt. Nur sechs von neunundzwanzig Versuchspersonen schafften es, gleich mit ihrer ersten Antwort die richtige Regel zu identifizieren. Für Wason lag der Grund dafür darin, dass die meisten Teilnehmenden nicht ausreichend versuchten, ihre Annahmen zu *falsifizieren*. Stattdessen wählten sie mehr und mehr Zahlenreihen, die dazu gedacht waren, ihre Annahmen zu *bestätigen*. Irgendwann fanden sie sie dann bestätigt genug, um sie zu verkünden. Obwohl es sich so anfühlte, hatten sie ihre Annahme aber nie wirklich getestet! Denn um das zu tun, hätten sie sie herausfordern müssen. Zum Beispiel mit einer Zahlenreihe wie 3, 2, 1 oder 10, 10, 10 oder 2, 9, -5. Alle diese Reihen wären als falsch gewertet worden und hätten die Versuchspersonen auf die richtige Spur bringen können.

Wir haben damit *Problem 8* identifiziert: Wir halten zu sehr an einer Annahme fest. Der Mechanismus hinter diesem Problem wird deutlicher, wenn wir uns einen weiteren Versuch anschauen, den Wason als Konsequenz seiner Erkenntnisse aus dem Zahlenreihen-Versuch erfunden hat. Ich erzähle euch zunächst von der einfacheren Version, bei der die Leute weniger Schwierigkeiten haben.

Stellt euch vor, ihr sollt in einer Bar sicherstellen, dass nur Leute ab achtzehn Jahren Alkohol trinken. Vor euch liegen Karten, die auf der einen Seite das Alter einer Person zeigen und auf der anderen Seite ein Foto des Getränks, das sie gerade trinken. Eure Aufgabe ist es, zu entscheiden, ob ihr eine der Karten umdrehen müsst (und wenn ja, welche), um eure Rolle als Aufpasser:in zu erfüllen. Momentan liegen vier Karten vor euch: Eine zeigt ein Foto einer Cola-Flasche, eine andere zeigt ein Glas Schnaps. Ihr könntet sie wie gesagt umdrehen, um das Alter der entsprechenden Personen zu erfahren. Die beiden anderen Karten zeigen Altersangaben, und zwar einmal vierzehn Jahre und einmal zweiundzwanzig. Welche Karten dreht ihr um? Die meisten Menschen entscheiden sich für die richtige Antwort: Ihr müsst einmal die mit der Zahl vierzehn umdrehen (um zu schauen, ob diese Person verbotenerweise Alkohol trinkt) und einmal die mit dem Schnaps (um zu schauen, ob diese Person volljährig ist).

Das Spannende dabei ist, dass das eine spätere Version dieses Tests ist. In der Grundversion hatten die Karten keine Fotos und Altersangaben, sondern eine Zahl auf der einen und einen Buchstaben auf der anderen Seite. Die Regel, die geprüft werden sollte, war: »Wenn auf der Buchstabenseite ein A ist, dann ist die Zahl auf der anderen Seite eine 3«, und die sichtbaren Karten waren zum Beispiel »3«, »7«, »A« und »D«. Obwohl das sehr nahe an der Version mit dem Alkohol ist, haben die Leute dabei größere Schwierigkeiten: Die meisten drehen nur die Karte mit dem A um oder auch noch die mit der Drei – die Sieben lassen sie meistens weg. Das wäre aber so, wie wenn man bei der anderen Version die Möglichkeit wegließe, die Karte mit dem Schnaps umzudrehen, denn nur die kann zeigen, ob die Regel gebrochen wurde. Also halten die Leute hier zu sehr an ihrer ursprünglichen Idee fest und denken nicht ausreichend an die Möglichkeit, sie zu widerlegen. Dass sie das bei der einen Version besser hinbekommen als bei der anderen, liegt vermutlich daran, dass man sich in die abstraktere Variante nicht so leicht hineinversetzen kann, auch wenn noch über andere

Unterschiede zwischen den Versionen diskutiert wird. So oder so gilt es im Kopf zu behalten, dass man die eigenen Annahmen hinterfragen und testen sollte, denn manchmal vergessen wir das einfach.

Am Ende des ersten großen Abschnitts dieses Buchs waren wir bei der Erkenntnis gelandet, dass die Methoden kritischer hinterfragt werden müssen, um gültige Faktenfindung zu betreiben. Und jetzt, am Ende des zweiten Abschnitts, stellen wir dasselbe auch fest, wenn es um unsere Ideen, Theorien und Vorstellungen geht. Denn selbst die beste und vertrauenswürdigste Theorie ist grundsätzlich nicht »gesichert«, sondern könnte mit dem richtigen (beziehungsweise falschen) Ergebnis widerlegt werden. Ein gern verwendetes Beispiel für den letzten Punkt ist die bereits thematisierte Gravitationstheorie. Alles, was wir beobachten, und ebenso alles, was wir jemals beobachtet haben, hält sich an die Gesetze der Schwerkraft. Wenn ich einen Apfel fallen lasse oder von einem Haus werfe, kann ich vorher ganz genau berechnen, wie er fliegen und wo er landen wird. Denkt an zehn beliebige Sportarten; die meisten, auf die ihr kommt, würden nicht mehr funktionieren, wenn die Gesetze der Schwerkraft auch nur im Geringsten variabel oder unzuverlässig wären. Jeder Apfelwurf, jeder gekickte Fußball, jedes Stolpern und Hinfallen ist daher eine weitere Bestätigung der Theorie. Da kein einziger der unzähligen Wurf- oder Stolpervorgänge jemals etwas hervorgebracht hat, das den Regeln der Schwerkraft widersprochen hätte, können wir die Gravitationstheorie also durchaus als gesichert ansehen – aber wer sagt uns denn, dass der nächste geworfene Apfel nicht plötzlich unerwartet in Richtung Himmel fällt und fortan als Apfelsatellit um die Erde kreist? Dann hätten wir eine Beobachtung, die sich nicht mit der Theorie vereinbaren lässt, und müssten die Theorie überdenken.

Das klingt vielleicht albern – ein Apfel, der nach oben fällt. Aber tatsächlich gab es einen sehr vergleichbaren Fall erst vor wenigen

Jahren in der experimentellen Physik: Eine Forschungsgruppe hat im übertragenen Sinn dabei zugesehen, wie knapp über 16 000 Äpfel in den Himmel gefallen sind, was einen kurzen Moment lang für Aufregung gesorgt hat. Nur dass es nicht um Äpfel ging, sondern um unsere kleinen Freunde von vorhin: die Neutrinos.

Es begann damit, dass eine Forschungsgruppe in Italien Neutrinos gemessen hat, die vom Forschungszentrum CERN ausgingen: Das eine Labor feuerte einen Teilchenstrom ab, das andere fng ihn auf. Die Entfernung zwischen dem Teilchenbeschleuniger im CERN bei Genf und dem italienischen Labor unter dem Gran-Sasso-Gebirgsmassiv beträgt etwa 731 Kilometer. Wie ihr euch erinnert, sind den Neutrinos sowohl solche Entfernungen wie auch Gebirgsmassive meist herzlich egal, daher bietet sich so eine Messung sehr gut an, um zum Beispiel die genaue Geschwindigkeit der Teilchen zu messen. Im Jahr 2011 konnte das Labor Messungen mit zuvor ungeahnter Genauigkeit durchführen. Unter anderem konnten sie die Erddrehung in einer Genauigkeit von Zentimetern tracken und die Reisedauer der Neutrinos mit einer Unsicherheit von weniger als zehn Nanosekunden messen, also noch genauer als auf eine Hundertmillionstelsekunde. Sagenhaft! Diese nie dagewesene Genauigkeit förderte auch ein verblüffendes Ergebnis zutage: Die Neutrinos kamen etwa sechzig Nanosekunden früher an, als das Licht für diese Strecke gebraucht hätte. Ein Sprecher des Labors sagte dazu: »Wir sind schockiert.«

Warum das? Weil das Tempolimit des Universums, gesetzt als die Geschwindigkeit des Lichts in einem Vakuum, ein quasi unumstößlicher Teil unseres physikalischen Weltbilds ist. Einsteins Relativitätstheorie, die sich immer und immer wieder bewährt hat, sieht vor, dass nur ein Teilchen ohne Masse überhaupt diese Geschwindigkeit erreichen und sicherlich nichts darüber hinaus schneller sein kann. Eine direkte Konsequenz aus dieser Überschreitung der Höchstgeschwindigkeit wäre, dass Zeitreisen möglich wären. Mein Lieblingswitz zum Thema war damals: »Neutrinos! Wer ist da?

Klopf, klopf!« Anders gesagt: Ein guter Teil unserer Physik müsste schwer hinterfragt werden. Daher war zum Beispiel die Reaktion des britischen Physikers Jim Al-Khalili, dass er bei einer Bestätigung dieses Befundes live im Fernsehen seine Boxershorts fressen würde.

Den Forschenden in Italien war die Tragweite ihres Ergebnisses natürlich bewusst, daher überprüften sie es mehrmals, bevor sie damit an die Öffentlichkeit gingen – und »mehrmals« ist eine Untertreibung: Im Lauf von drei Jahren hatten sie mehr als 16 000 Datenpunkte gesammelt. Der Apfel fiel aber immer noch in Richtung Himmel. An diesem Punkt teilten sie ihre Ergebnisse mit der Öffentlichkeit und baten die Fachwelt darum, sie zu widerlegen.

Für erste Zweifel musste man gar kein Experiment machen, sondern konnte sich auf bereits vorhandene Daten berufen: Im Jahr 1987 hatten plötzlich mehrere Neutrino-Detektoren weltweit ausgeschlagen. Die Vermutung war, dass sie dabei waren, Neutrinos einer Supernova aufzufangen. Also schaute man in den Himmel und sah die Supernova wenige Stunden später. Neutrinos und Licht, die beide seit über hunderttausend Jahren unterwegs waren, kamen also nahezu zeitgleich an. Wenn aber eins von beidem schneller im Universum unterwegs wäre, wie das CERN-Experiment vermuten ließ, dann hätte sich dieser Geschwindigkeitsunterschied im Falle der Supernova viel deutlicher niederschlagen müssen.

Trotzdem machten sich andere Labore auf, die Behauptung zu prüfen. Der erste vergleichbare Test lieferte ein Ergebnis, das mit der Relativitätstheorie vereinbar war: Es gab keinen messbaren Unterschied zwischen der Reisedauer von Licht und Neutrinos. »Wenn wir sechzig Nanosekunden gefunden hätten, hätte ich [dem anderen Labor] eine Flasche Champagner geschickt«, meinte einer der Forscher, stattdessen würde er nun auf Einstein anstoßen. »Das ist eine ziemliche Erleichterung, denn ich bin ein konservativer Kerl.«

Aber woran lag es dann? Man hört manchmal, dass ein Kabel nicht richtig eingesteckt war. Das ist nicht wirklich korrekt, aber auch nicht ganz falsch. Bei der Messung wurden auch Daten von GPS-Satelliten verwendet, und Kern des Problems war, dass eines dieser Signale an einer fehlerhaften Verbindung für wenige Nanosekunden aufgehalten wurde – ausreichend lange, um die Geschwindigkeitsübertretung als Messfehler zu erklären.

Man kann sich darüber streiten, ob das Laborteam einen peinlichen Fehler begangen hat oder nicht. Ich persönlich kann nicht wirklich sagen, was sie falsch gemacht haben sollen. Sie hatten eine Messung in nie dagewesener Genauigkeit durchgeführt, fanden ein rätselhaftes Ergebnis und baten die Gemeinschaft der Forschenden um Hilfe. Allerdings gab es den Vorwurf, sie hätten genauere Checks durchführen müssen, bevor sie an die Öffentlichkeit gingen. Aber wäre es besser gewesen, auch nach über drei Jahren Messung immer noch auf dem Befund der überlichtschnellen Neutrinos sitzen zu bleiben? Schließlich will die Welt ja auch wissen, ob Zeitreisen möglich sind oder nicht. Und auch bei dem Roland-Emmerich-Film *2012*, den ich im Neutrino-Kontext bereits erwähnt habe, wäre es vielleicht besser gewesen, wenn das wissenschaftliche Ergebnis vom Beginn des Films direkt veröffentlicht worden wäre.

Letzten Endes traten zwei führende Köpfe des Labors zurück, nur wenige Monate, nachdem das mit den viel zu flinken Neutrinos öffentlich gemacht worden war. Ganz gleich, wie man diese Reaktion bewertet, die Laborgruppe hat der Welt damals definitiv eine sehr wichtige Erkenntnis ins Gedächtnis gerufen: Keine wissenschaftliche Theorie, egal wie viele Fakten ihr zugrunde liegen, ist sicher genug, um nicht durch ein unerwartetes Ergebnis gekippt zu werden.

Interpretieren

> »Der Verstand ist sein eigener Ort und kann selbst aus Hölle Himmel machen, aus Himmel Hölle.«
> *John Milton, Paradise Lost*

Problem 9. Marshmallows, oder:
Wir messen nicht das, was wir denken

Wann immer ich kann, gehe ich auf Lesungen von Forschenden, selbst wenn ich kein ausgesprochener Fan ihrer Arbeit bin. Das muss ich vorwegschicken, da ich im Jahr 2011 bei einer Lesung von Philip Zimbardo in Heidelberg war. Im deutschsprachigen Raum ist er vor allem für zwei Dinge bekannt: Sein Lehrbuch *Psychologie* war hier lange ein Standardwerk im Studium. Und er war für das sogenannte Stanford-Prison-Experiment verantwortlich, in dem Versuchsteilnehmer in Wärter und Gefangene eingeteilt wurden, um Machtmissbrauch in Abhängigkeitssituationen zu beobachten. Allerdings gab es dabei, man kann es nicht anders sagen, *massive* methodische und ethische Probleme.

Die Story wird üblicherweise so erzählt: 1971 bauten Zimbardo und Kollegen, inspiriert von Nachrichten über Machtmissbrauch in Haftanstalten, ein künstliches Gefängnis und suchten sich unter einigen Bewerbern vierundzwanzig möglichst »normale« Leute aus, die sie zufällig in ihre Rollen entweder als Wärter oder als Gefangener einteilten. Die Aufgabe war, den Gefängnisalltag zwei Wochen lang aufrechtzuerhalten. Aber schon kurz nach dem Start kam es zu Übergriffen und zu sadistischem Verhalten seitens der Wärter, bereits am zweiten Tag rebellierten die Gefangenen, und am sechsten

Tag musste der Versuch aus Sicherheitsgründen abgebrochen werden. Die daraus gezogene Lehre war, dass auch ganz normale Menschen ihre eigene Menschlichkeit sehr schnell ablegen, wenn ihnen die Möglichkeit gegeben wird, Macht auszuüben. Für eine filmische Darstellung dieser Horrorvision empfehle ich *Das Experiment* mit Moritz Bleibtreu von 2001, der von diesem Versuch inspiriert ist und das Szenario drastisch weiterspinnt.

Das Stanford-Prison-Experiment hatte sein Gutes darin, dass es ganz wunderbar aufzeigen konnte, wie sich Menschen von der Situation zu Entscheidungen treiben lassen, die sie sonst nicht von sich kennen oder die von außen als unvorstellbar angesehen werden. Während des Irakkriegs war Zimbardo als Gutachter dabei, als es um Missbrauchsfälle durch US-Truppen im Gefängnis Abu Ghraib ging. Es ist keine Frage, dass es Umgebungsfaktoren gibt, die Missbrauch begünstigen; allen voran, wenn die Machtlosen entmenschlicht werden (zum Beispiel wenn man sie, wie im Experiment verlangt, nur mit Nummern anstelle von Namen anspricht). In solchen Situationen ist es wichtig, nicht einfach die Schuld auf wenige Individuen abzuwälzen, sondern dann ist auf systemische Faktoren zu achten, und dafür ist Zimbardos Experiment ein gutes Argument.

Was habe ich also für ein Problem mit dem Stanford-Prison-Experiment? Na ja, über die ethische Seite müssen wir, glaube ich, gar nicht erst sprechen. Sowohl für die Gefangenen wie auch für die Wärter bedeutete die Situation einen Grad von emotionalem Stress, der sich nur schwer mit dem versprochenen Ertrag des Versuchs rechtfertigen lässt. Einer der Wärter berichtete noch über fünfzig Jahre später, Hass-Mails zu erhalten. Und auch auf der Seite der Methoden und Ergebnisse gibt es gravierende Probleme. Vergleichbare Versuche konnten die schockierenden Befunde nicht bestätigen. Es gibt Zweifel daran, ob die Teilnehmer wirklich zufällig ausgesucht und eingeteilt wurden und ob das Verhalten der Wärter wirklich so gleichförmig sadistisch war wie dargestellt. Der für mich schwerste methodische Vorwurf ist, dass man durch einige Aussagen den starken Eindruck bekommt, die Teilnehmer hätten den Zweck des Versuchs durchschaut und sich einfach entsprechend verhalten. Dabei hilft es nicht, dass Zimbardo offenbar ermutigend eingegriffen hat, um bestimmtes Verhalten der Wärter zu fördern. Wenn das so ist, dann war das Ganze kein Experiment, sondern eher eine ungewöhnliche Vorführung eines Improvisationstheaters. So oder so wird der Versuch heute eher als Demonstration oder Simulation eingeordnet, weniger als tatsächliche Studie. Problematisch ist dabei heute vor allem, dass eine Studie herausgefunden hat, dass nur etwa die Hälfte der Lehrbücher, die die Studie erwähnen, auch die Kritik daran erwähnt.

Aber zurück ins Jahr 2011, als ich bei Zimbardos Lesung war. Dort ging es überhaupt nicht um Stanford und Missbrauch im Gefängnis, sondern um sein damals aktuelles Buch zur Zeitwahrnehmung, das ich allerdings nicht gelesen habe. Das ist aber nicht schlimm, da es an dem Abend eigentlich auch nicht wirklich darum ging. Wie viele andere Promis nutzte Zimbardo die Gelegenheit, die ihm seine Buchtour bot, um über etwas anderes zu sprechen, das ihn mehr interessierte. In diesem Fall war es der sogenannte Marshmallow-Test. Der Marshmallow-Test wurde Ende der 1960er- bis Anfang der 1970er-Jahre zum ersten Mal an der Stanford University durchgeführt und stolperte aufgrund seines Ergebnisses quasi in die Öffentlichkeit. (Schon wieder Stanford!)

Anfangs ging es gar nicht um Marshmallows, und die Studie hieß zunächst auch nicht so. Sie sollte lediglich etwas über die Willenskraft von Vorschulkindern herausfinden. Hierfür wurde ihnen eine Süßigkeit ihrer Wahl präsentiert (nicht immer, aber durchaus auch mal ein Mini-Marshmallow), und es wurde ihnen gesagt, dass sie sie entweder gleich essen oder einige Minuten allein im Raum warten könnten, bis der Versuchsleiter wieder da ist. In letzterem Fall würden sie dafür noch eine zweite Süßigkeit erhalten. Es war also einfach die experimentelle Version von »Besser den Spatz in der Hand als die Taube auf dem Dach«. Die Kids wurden während der

Wartezeit beobachtet, und es stellte sich unter anderem heraus, dass es eine effektive Strategie zu sein scheint, wenn man sich von der Süßigkeit ablenkt und woanders hinschaut. Zimbardo zeigte beim Vortrag ein Video davon, und erwartungsgemäß war es sehr lustig, den Kindern dabei zuzuschauen, wie sie versuchten, sich auf Teufel komm raus irgendwie von einem Naschanfall abzuhalten.

Diese Erkenntnis war aber nicht das, was den Marshmallow-Test berühmt machte. Dieser Teil kam erst, als man die Kinder, die an dem Versuch teilgenommen hatten, über die Zeit hinweg weiter regelmäßig nach ihrem Leben befragte. Es stellte sich heraus: Diejenigen, die abwarten konnten, erreichten später mehr. Sie hatten bessere Noten im US-Äquivalent zum Abitur, hatten später höhere akademische Abschlüsse und waren zufriedener mit ihrem Leben. Die naheliegende Erklärung war, dass die Fähigkeit, eine Belohnung aufzuschieben, die sie offenbar schon von klein auf besaßen, bei allerhand Entscheidungen im Leben eine große Rolle spielt, zum Beispiel ob man lieber lernt, anstatt zu feiern, oder lieber Kraft in eine vielversprechende, aber anstrengende Geschäftsbeziehung investiert, anstatt sie aufzugeben.

Das klingt zunächst sehr einleuchtend und auch ein bisschen wie das Gegenteil dessen, was beim Gefängnisversuch herauskam: Es geht nicht darum, ob »normale« Personen von einer spezifischen Situation in negative Verhaltensweisen gepusht werden können, sondern man kommt offenbar mit einer bestimmten Eigenschaft auf die Welt (oder bekommt sie sehr früh anerzogen), und die bringt einen für das ganze weitere Leben unter einen Einfluss, der von der Situation unabhängig zu sein scheint. Allerdings ist hier, wie beim Gefängnis, lange nicht alles so, wie es scheint.

Ihr erinnert euch an das Konzept der Replikation, das ich zum ersten Mal bei der DNA des Phantoms erwähnt habe: Bei einer Replikationsstudie werden dieselben Methoden in einer neuen Stichprobe durchgeführt, um zu sehen, ob das Ergebnis weiterhin Bestand hat. Durch Replikationen des Stanford-Prison-Experiments und der überlichtschnellen Neutrinos kamen jeweils Zweifel auf. Und beim Marshmallow-Test gab es eine besonders schöne Replikation, da sie sich die Mühe gemacht hat, eine diversere Stichprobe von Kindern zusammenzustellen als beim Original und auf eine höhere Zahl von konfundierenden Faktoren zu schauen. Ein konfundierender Faktor – und das wird euch gleich deutlich werden – ist eine Störvariable, die das Studienergebnis verändern kann.

Als die neue Forschungsgruppe dasselbe Experiment mit einer diverseren Stichprobe durchführte, war das Ergebnis statistisch nur noch halb so stark wie im Original. Das ist kein gutes Zeichen, aber auch erst mal kein Beinbruch. In der Originalstudie bestand die Stichprobe zum Großteil aus Kindern, deren Eltern Positionen in Stanford hatten. Das allein könnte Schwankungen in dem Effekt erklären, aber grundsätzlich war er noch da. Bis man anfing, ordentlich zu kontrollieren, das heißt Einflussfaktoren zu berücksichtigen, die eine Rolle spielen konnten. Dafür kam es vor allem auf die Eltern an. Hatten die Eltern einen akademischen Abschluss und/oder ein besonders hohes Einkommen, dann war es weit wahrscheinlicher, dass das Kind auf den Marshmallow verzichten konnte, bis die Versuchsleitung zurück war. Bezog man diesen Umstand in die statistische Auswertung mit ein, dann fiel der ursprünglich berichtete Effekt bis zur Bedeutungslosigkeit ab.

Es zeigte sich zudem, dass es vor allem die ersten zwanzig Sekunden Wartezeit waren, die damit in Zusammenhang stehen, wie das Leben weitergeht. Wer gleich zugreift, hat es später schwerer, aber ob man zwei Minuten aushalten kann oder fünf, scheint keinen Unterschied zu machen. Das widerlegte die Annahme der Originalstudie, dass es vor allem um kognitive Strategien ginge, die die Kids anwendeten, um möglichst lange mit der Situation klarzukommen. Die Daten ließen darauf schließen, dass eher die Impulskontrolle das Leben später auf die Bahn des Erfolgs lenkte; aber als dieser Faktor ebenfalls mit in die Auswertung genommen wurde, erklärte auch das den Befund nicht.

Was war also los? Was bestimmte wirklich darüber, wie viel Erfolg man später im Leben hatte? Der Artikel der Replikationsstudie hält sich etwas zurück und redet vor allem davon, dass der Belohnungsaufschub offensichtlich nicht das Einzige ist, das hier eine tragende Rolle spielt, und dass man vor allem hinterfragen müsse, ob Programme zur Steigerung dieser Fähigkeit wirklich sinnvoll seien. Ich denke, die Forschungsgruppe hielt sich aus Freundlichkeit oder Vorsicht damit zurück, auf eine offensichtliche Interpretation dieser Daten hinzuweisen, die dann aber von einigen anderen Kommentator:innen aufgefangen wurde: Kinder von reichen Eltern haben weniger Schwierigkeiten damit, auf den zweiten Marshmallow zu warten, weil sie in einer Umgebung aufwachsen, in der es genug von allem gibt. Und sie haben später mehr Erfolg im Leben, weil sie eben reiche Eltern haben. Umgekehrt gab es in der Studie einige Familien, die unter oder nur leicht über der örtlichen Armutsgrenze lagen. Deren Kinder konnten sich nicht unbedingt darauf verlassen, dass es den zweiten Marshmallow überhaupt gibt, denn sie hatten es vielleicht schon eher so erlebt, dass die Schublade, die heute Süßigkeiten enthält, morgen trotz anderslautender Versprechen leer ist. Daher trafen sie bereits direkt nach Beginn des Versuchs die Entscheidung, sich nicht auf das Wort der Versuchsleitung zu verlassen. Und dass sie später im Leben weniger zufrieden sind, hat ganz und gar nichts mit dem Marshmallow oder mit Selbstkontrolle zu tun, sondern damit, dass ihre Möglichkeiten im Vergleich zu denen der anderen Gruppe begrenzter sind.

Natürlich wurde das in dem Versuch nicht alles genau so nachgewiesen, aber mir persönlich scheint diese Interpretation sehr viel eingängiger, weil sie nichts verlangt, außer dass sich die Kinder rational verhalten. Manchmal ist es einfach ratsamer, mit dem Spatz in der Hand zufrieden zu sein, statt mit der Taube auf dem Dach zu rechnen, unabhängig von dem, was die vermeintliche Autoritätsperson im weißen Kittel einem erzählt.

Wenn uns diese Interpretation sauer aufstößt, dann liegt das daran, dass uns das Ergebnis unfairer erscheint als das der anderen Version. Wenn es eine Person im Leben leicht hat, weil sie in eine reiche Familie geboren wurde, ist das ungerecht. Hat sie Erfolg, weil sie mit bestimmten Fähigkeiten auf die Welt kam, kommen wir besser damit klar. Aber wenn man mal genauer darüber nachdenkt, macht das eigentlich nicht viel Sinn, denn die Person kann ja in beiden Fällen nichts dafür, und die Interpretation mit dem Wohlstand der Eltern liefert zumindest eine potenzielle Lösung mit: Wenn wir etwas gegen die Ungerechtigkeit im Einkommen und den damit verbundenen Chancen unternehmen, dann lösen wir das Marshmallow-Problem gleich mit.

Die Erkenntnis, die wir aus der Geschichte des Marshmallow-Tests ziehen können, liegt auf der Hand, und damit sind wir bei *Problem 9*: Wir messen nicht das, was wir denken. Denn die Ergebnisse sahen ja gut aus; die Statistik war stark und es gab eine zugrunde liegende Theorie, die zu allem passte, was sich beobachten ließ. Nur dass man eben die ganze Zeit offenbar nur zwei verschiedene Auswirkungen des elterlichen Einkommens gemessen hatte, anstatt einen neuen Zusammenhang gefunden zu haben. Der Kontostand der Familie war dadurch der konfundierende Faktor, also die Variable, die das Ergebnis auf unerwartete oder unerkannte Art verdreht hat.

An dieser Stelle kann ich nicht anders als auf die Ähnlichkeit des Marshmallow-Tests mit einer anderen Testart hinzuweisen. Aber ich mache es kurz, denn ich rede nicht gern über dieses Thema, und für manche wird dieser Absatz die größte Beleidigung darstellen, die sie in diesem Buch finden. Trotzdem: Wer sagt denn eigentlich, dass es bei IQ-Tests anders ist als beim Marshmallow-Test?

Der Grund, warum ich hier so extrem vorsichtig bin, hat damit zu tun, dass IQ-Tests in der Psychologie eine sehr lange und sehr ausgeprägte Geschichte haben und daher von vielen Forschenden sehr wichtig genommen werden. Und nicht nur in der Forschung, auch im echten Leben sind die Leute stolz auf ihren Intelligenzquotienten und fühlen sich schnell angegriffen, wenn man das grundlegende Konzept dahinter in den Schmutz zieht. Aber sehen wir den Tatsachen mal ins Auge: Wir wissen, dass das Einkommen der Eltern einen starken Einfluss auf den IQ hat. Das macht schon allein deswegen Sinn, da der IQ auch mit Bildung zu tun hat und es in reicheren Haushalten erwartungsgemäß mehr Möglichkeiten gibt, etwas zu lernen. Wir wissen auch, dass sich die Adoption eines Kindes von einer niedrigeren in eine höhere Einkommensklasse in einem bemerkenswerten Sprung im IQ niederschlägt; man spricht von zwölf bis achtzehn Punkten Verbesserung. Das lässt sich nicht mit dem vereinbaren, was man üblicherweise über den IQ denkt, nämlich dass er eine einigermaßen stabile Kennziffer sei, die naturgegeben ist und damit frei von äußeren Einflussfaktoren.

Ich werde nicht so weit gehen zu sagen, dass der IQ ausschließlich das elterliche Einkommen wiedergibt, denn ich muss anerkennen, dass das Konzept des IQ, und im weiteren Sinne das Konzept der Intelligenz, facettenreicher ist als der Marshmallow-Test und daher theoretisch mehr plausible Möglichkeiten der Interpretation bietet. Aber ich sage: Lasst euch von niemandem erzählen, dass der IQ irgendetwas Bedeutsames über einen Menschen oder eine Gruppe von Menschen aussagt, ohne es zu hinterfragen. Die Datenlage zum IQ und die gesellschaftliche Debatte darüber hat den Neurobiologen Steven Rose einmal dazu gebracht zu sagen, IQ sei »nur als Wissenschaft verkleidete Ideologie«. Also Meinungen, verkleidet als Fakten? Meinen eigenen IQ habe ich übrigens nie gemessen, und wenn ich es mal täte, dann würde ich aus den hier beschriebenen Gründen nicht viel auf das Ergebnis geben.

Ein anderes Beispiel dafür, dass man nicht genau das misst, was man zu messen glaubt, ist die Zunahme von Arbeitsausfällen aufgrund psychischer Erkrankungen. Wann immer es da im Vergleich zum Vorjahr eine Erhöhung gibt, löst das verständlicherweise Sorge bis hin zu Panik aus. Und je nach genauem Zusammenhang kann das auch gerechtfertigt sein. Aber wie bei den Marshmallows gibt es auch hier etwas, das man im Hinterkopf behalten muss, um die Datenlage korrekt zu interpretieren. Eine Studie hat über Jahrzehnte hinweg nach dem Stigma gefragt, das es über verschiedene psychische Störungen in der Bevölkerung gibt. Ob man zum Beispiel ein Problem damit hätte, jemanden zum Nachbarn, Kollegen oder Freund zu haben, der an einer Depression leidet? Oder an Schizophrenie oder Alkoholismus? Würde man diese Person für gefährlich halten? Und so weiter. Über zwanzig Jahre hinweg verfolgt, lässt sich an den Daten ablesen, dass das Stigma zumindest für Depression deutlich zurückgeht. Aber was hat das mit den genannten Arbeitsausfällen zu tun? Ganz einfach: Wenn ich das Gefühl habe, dass meine psychische Störung gesellschaftlich stark stigmatisiert ist, dann werde ich mich davor hüten, sie als Grund für meinen Arbeitsausfall anzugeben. Ich komme besser damit weg zu sagen, ich hätte mir die Bandscheibe geklemmt, und diese kleine Lüge tut niemandem weh. Dagegen kann ich in einer Gesellschaft, die meiner psychischen Störung mit weniger Angst und Ablehnung begegnet, einfach die Wahrheit sagen. Daher wäre ganz klar zu erwarten, dass die Anzahl der gemeldeten Arbeitsausfälle ansteigt, während das Stigma zurückgeht. Man muss aber dazu sagen, dass das Stigma manchen psychischen Störungen gegenüber zurückgeht und bei anderen stagniert oder vielleicht sogar ansteigt; auch das zeigt die Studie.

Es lohnt sich daher, bei solchen Zahlen immer eine falsche Interpretation für möglich zu halten. Wenn zum Beispiel berichtet wird, dass die Zahl der in Armut lebenden Menschen oder die Anzahl der Deutschen mit Schwerbehindertenausweis ansteigt, dann wäre zu fragen: Ist das so, weil es eine Änderung in der Gesellschaft gab, oder haben die gleichen Menschen schon vorher in Armut oder mit einer schweren Behinderung gelebt und wir erkennen es jetzt erst an? Dieser Unterschied ist sehr wichtig, denn: Die erste Interpretation, die üblicherweise die ist, die uns zu diesen Daten präsentiert wird, weist auf ein gesellschaftliches Problem hin, wohingegen die zweite Interpretation auf einen positiven kulturellen Wandel hindeutet, nämlich der Anerkennung eines Problems, bei dem bis dahin weggeschaut wurde.

Die Lehre aus all diesen Dingen ist, dass man seine Interpretation selbst dann hinterfragen sollte, wenn es einen Berg von Daten gibt, die in eine bestimmte Richtung zeigen, und obendrein Erklärungen dafür, die schlüssig und plausibel erscheinen und sich vielleicht sogar noch gut anfühlen. Das alles bedeutet noch lange nicht, dass die Interpretation auch stimmt. Man könnte sagen: Interpretationen von Fakten sind auch nur Meinungen.

Was also tun in Fällen, wo wir uns über die Faktenlage einig sind, es aber drastisch unterschiedliche Interpretationen gibt? Auch in diesem Fall gibt es Strategien, die man anwenden kann, aber die funktionieren mal besser und mal schlechter. Das zeigt sich für mich mit Abstand am klarsten an einem Beispiel, bei dem ein weniger als zwei Kilo schwerer Stein die gesamte Wissenschaftswelt bewegt hat.

Problem 10. Denkende Bienen, oder: Wir wissen nicht, welche Erklärung stimmt

Es passiert nicht oft, dass der US-Präsident persönlich eine Pressekonferenz gibt, um ein wissenschaftliches Ergebnis anzukündigen. Gut, es war in einem Wahljahr, und der Präsident – Bill Clinton – hatte zu der Zeit große politische PR-Probleme. Deshalb war das Bedürfnis da, mal über einen amerikanischen Gewinn zu sprechen. Aber der Moment bleibt beeindruckend. Seine Worte, als er auf dem Rasen vor dem Weißen Haus stand, waren unter anderem: »Sollte sich diese Entdeckung bestätigen, so wird sie sicherlich einer der bedeutendsten Einblicke in unser Universum sein, den die Wissenschaft jemals enthüllt hat. Ihre Implikationen sind so weitreichend und Ehrfurcht gebietend, wie man es sich nur vorstellen kann.«

Mein lieber Herr Gesangsverein, solch große Worte hört man in der Forschung nur selten. Ein Filmteam in Hollywood war bei dieser Rede ganz aus dem Häuschen, denn es bereitete gerade einen Dreh vor, bei dem es Teile dieser Rede gut gebrauchen konnte. In *Contact*, den ich bereits an anderer Stelle den unterschätztesten Film der 1990er-Jahre genannt habe, geht es um ein Signal aus dem All, das von intelligenten Aliens stammt. Natürlich musste die Rede daher in den Film eingebaut werden, und das gelang so überzeugend, dass sich die Produktionsfirma einen wütenden Brief aus dem Weißen Haus einhandelte, weil dem Publikum nicht abschließend klar sein konnte, ob Clinton im Film tatsächlich mitgewirkt hatte.

Aber worüber war der Präsident denn nun so begeistert? Es ging um einen Stein aus dem All, weniger als zwei Kilo schwer, der bereits Mitte der 1980er-Jahre im Eis der Antarktis gefunden worden war. Das allein ist zunächst mal nicht so aufregend, denn die Antarktis ist der absolut perfekte Ort, um auf Meteoritenjagd zu gehen. Sie ist eine riesige weiße Fläche, auf der Objekte aus dem All weit besser gefunden werden können als im Atlantischen Ozean oder im Schwarzwald. Zudem kann es durch die Kombination von Verschiebungen im Eis, Wind und Schmelzprozessen dazu kommen, dass sich diese Steine an bestimmten Stellen sammeln. Diese sogenannten Meteorite Stranding Zones, von denen einige vermutlich sogar noch unentdeckt sind, sind daher ideale Orte, um außerirdische Wissenschaft zu betreiben.

In einer solchen Region begab es sich, dass eine Geologin namens Robbie Score diesen einen speziellen Stein fand. (Wie groß die Geschichte um diesen Meteoriten noch wird, erkennt man auch daran, dass diese Region einige Jahre später »Score Ridge« benannt wurde.) Obwohl der Meteorit sofort speziell wirkte, wurde er zunächst mit einem Label versehen, nämlich ALH 84001, und für mehrere Jahre eingelagert, bevor irgendetwas Sinnvolles mit ihm getan wurde. Auch das ist nicht ungewöhnlich.

Das Staunen kam auf, als er dann in den 1990er-Jahren ordentlich untersucht wurde. Um den Zusammenhang zu verstehen, müssen wir kurz darüber sprechen, dass ein Sauerstoffatom etwas anderes ist als ein Sauerstoffatom und ein Sauerstoffatom. Klingt verwirrend und für viele neu, ist aber so. Die verschiedenen Varianten eines Atoms heißen Isotope, vom Griechischen für »gleicher Platz«, da diese Varianten jeweils denselben Platz im Periodensystem haben wie das »Original-Atom«. Wir haben gerade keine Zeit, uns den Aufbau des Atoms genauer anzuschauen, weil wir endlich wissen wollen, worüber Bill Clinton so begeistert war, also stellt euch unterschiedliche Isotope einfach vor als mehrere Autos des gleichen Modells, aber mit unterschiedlich schwerer Beladung im Kofferraum. Die Autos haben alle dieselbe Form, alle dieselbe Farbe. Sie haben alle dieselbe PS-Zahl und dieselbe Anzahl von Sitzen. Für die meisten Situationen spielt die Beladung daher schlichtweg keine Rolle. Dennoch könnten wir die Last gut messen, zum Beispiel wenn wir verschiedene Autos hart bremsen lassen und schauen, welcher Bremsweg länger ist. Oder auch einfach, wenn wir den Verbrauch über die Zeit verfolgen. Oder nach einem Crash.

Jedes Atom (und damit jedes Element) hat unterschiedliche Isotope. Manche sind über die Zeit stabil, andere nicht. Von den instabilen habt ihr in zwei Zusammenhängen schon mal gehört. Zum einen geht es beim Thema Anreicherung von Uran um sie. Für die Auslösung einer nuklearen Kettenreaktion braucht man beim Uran eine höhere Rate instabiler Isotope, als man sie in der Natur findet. Für die Verwendung von Uran in Atomkraftwerken oder für Atomwaffen muss man diese Rate daher künstlich erhöhen, und das ist mit dem Begriff der Anreicherung gemeint. Der andere Zusammenhang ist, dass man über das Verhältnis der Isotope bei bekannter Zerfallsrate das Alter eines Elements abschätzen kann. Über diese instabilen Isotope wurde bei dem Stein ALH

84001 schnell festgestellt: Er ist sehr, sehr alt, und zwar über vier Milliarden Jahre.

Aber es gibt ja noch die stabilen Isotope, die im Lauf dieser Milliarden Jahre eben nicht zerfallen sind. Und die stellen quasi einen erkennbaren Fingerabdruck dar. Ein Stein aus dem All, der von einem Asteroiden abgefallen und zu uns gekommen ist, hat eine erkennbar andere Isotopensignatur als Steine auf der Erde. Und die Signatur von ALH 84001 passte zu einer, die man bereits dreimal vorher gesehen hatte: in Meteoriten namens Shergotty, Nakhla und Chassigny (als Gruppe SNC genannt), benannt nach ihren Fundorten in Indien, Ägypten und Frankreich. Diese vier Objekte kamen also vom gleichen Ort zu uns. Es gab einen Verdacht darüber, welcher Ort das sein mag, der sich bestätigte, als man die Daten der Steine mit denen abgleichen konnte, die die Viking-Sonden von der Oberfläche des Mars geschickt hatte: Es war Marsgestein.

Aber wie in aller Welt konnten Steine vom Mars einfach bei uns auf der Erde herumliegen? Schließlich ist der rote Planet zwar unser Nachbar, aber dennoch so weit entfernt, dass wir einige Monate bräuchten, um hinzufliegen. Wenn wir uns die Erde als eine Kugel mit einem Meter Durchmesser vorstellen, dann wäre unsere Atmosphäre weniger als einen Zentimeter dick. Der Mond läge etwa dreißig Meter entfernt; das wäre also die weiteste Strecke, die sich ein Mensch je von der Erde wegbewegt hätte. Aber der Mars? Der wäre durchschnittlich etwa achtzehn Kilometer entfernt. Kaum vorstellbar, dass ein kleiner Stein aus reinem Zufall diesen ganzen Weg zu uns auf sich genommen haben soll. Aber hier kommt wieder zum Tragen, was ich weiter vorn zu den Träumen angesprochen hatte: Auch eine sehr kleine Wahrscheinlichkeit kann eintreten, wenn nur die Fallzahl hoch genug ist. Bei den Träumen kam das durch die hohe Zahl an Träumenden zusammen. Bei den marsianischen Meteoriten liegt es daran, dass gerade im jungen Sonnensystem einiges durch die Gegend geflogen ist, das jeweils von der Schwerkraft bestehender Himmelskörper eingefangen werden konnte.

Weitere Untersuchungen ergaben: ALH 84001 war kein Neuling auf der Erde, sondern hatte sich bereits seit etwa 13 000 Jahren in der Kälte der Antarktis befunden. Und durch die Einschätzung, wie lange er ungeschützt kosmischer Strahlung ausgesetzt gewesen sein musste, kam man zu der Annahme, dass er davor knapp siebzehn Millionen Jahre lang zwischen Mars und Erde im All unterwegs gewesen sein musste. Aber wie kam er überhaupt vom Mars weg? Dafür ist die sogenannte Fluchtgeschwindigkeit wichtig: Je nach Masse eines Planeten muss man eine gewisse Geschwindigkeit erreichen, um mit einem Schubs seiner Schwerkraft zu entkommen. Anders gesagt: Wie stark müsste ich Newtons Apfel werfen, damit er in den Orbit gelangt? Auf der Erde sind das 11,2 Kilometer pro Sekunde, also ganz schön ordentlich. Auf dem Mars sind es immer noch knapp über fünf Kilometer pro Sekunde. Und es gibt nur zwei Erklärungen, wo so eine Wucht herkommen könnte: Entweder der Kommandant des Todessterns wollte die Macht seines Lasers demonstrieren, wie im Film *Rogue One*, oder es war ein Asteroideneinschlag. Gehen wir hier mal von Letzterem aus.

Aus diesen Datenpunkten (die natürlich wieder alle mit gewissen Unsicherheiten behaftet sind) ergibt sich die Geschichte, dass ALH 84001 ein Besucher ist, der uns viel über den Mars von vor Millionen Jahren erzählen kann. Das allein ist schon sehr aufregend, denn vieles, was wir über den Mars wissen, deutet darauf hin, dass er früher ganz anders ausgesehen haben muss, vielleicht sogar mit einem riesigen Ozean, und der Stein wurde als »unsere einzige Hoffnung« bezeichnet, um diese Vergangenheit des Mars zu verstehen.

Dann kam der Knüller; das, was Präsidenten auf den Plan rief: Der Stein enthielt möglicherweise Leben vom Mars! In einem viel zitierten Paper listete eine Forschungsgruppe die Anzeichen dafür auf. Kurz zusammengefasst war das Hauptargument: Im Innern des Steins, also da, wo es nicht in der Antarktis dazu gekommen sein konnte, fanden sich die Stoffe, die man fürs Leben braucht, zum Teil arrangiert auf eine Art, die man auf der Erde üblicherweise nur im Zusammenhang mit Fossilien findet. Zum Beispiel hatten sich magnetische Kristalle so abgelagert, wie sie auf der Erde eigentlich nur von sogenannten magnetotaktischen Bakterien abgelegt werden, die sie dazu verwenden – kein Witz –, um sich am Magnetfeld der Erde auszurichten. Zusätzlich zu diesen ganzen Befunden sah man bei einer mikroskopischen Auswertung Formen im Stein, die schon ziemlich wie Fossilien von Mikroben aussahen. Falls ihr wissen wollt, wie man sich das vorstellen kann: Anbieter von Plüsch-Mikroben (ohnehin immer ein tolles Nerd-Geschenk) haben sie manchmal im Sortiment.

Einerseits war die Vorstellung, man hätte in diesem Stein tatsächlich Spuren marsianischen Lebens entdeckt, hochgradig albern. Wir haben bereits Sonden und Roboter auf den Planeten geschickt, die nichts dergleichen gefunden haben. Und egal was man findet, viel wahrscheinlicher ist erst einmal, dass es sich um eine Verschmutzung durch irdische Mikroben handelt, sei es im Eis oder im Labor. Andererseits wäre es nicht das erste Mal, dass sich das Leben als weit widerstandsfähiger herausstellt als gedacht. Der Befund des Meteoriten kam zu einer Zeit, in der man mehr und mehr über die sogenannten Extremophilen lernte: Mikroben, die sich an Stellen aufhalten, die man eigentlich für tödlich halten würde. Wir sind damit bei *Problem 10* angekommen: Wir wissen nicht, welche Erklärung stimmt. Manchmal passen die Daten einfach zu mehreren Interpretationen.

Die wissenschaftliche Gemeinschaft fasste das Thema zunächst skeptisch auf (dafür ist sie ja auch da). Sehr schnell beschrieb ein Kommentar in *Science*, derselben Zeitschrift, in der auch der Originalartikel erschienen war, für alle dargebotenen Behauptungen, dass sie auch auf natürlichem Weg entstanden sein könnten oder zumindest noch nie geschaut wurde, ob sie auf der Erde auch auf natürlichem Weg entstehen. Dieser Kommentar beginnt denkbar freundlich und endet mit einer klaren Aussage: »Für alle diese Beobachtungen ist eine nicht organische Erklärung mindestens ebenso plausibel und, nach Occam's Razor, zu bevorzugen.«

Damit spielte der Autor auf das wissenschaftliche Prinzip an, nach dem die Erklärung bevorzugt werden soll, die weniger Annahmen macht, sofern beide gleich gut geeignet sind, das Beobachtete zu erklären. Ein direkt aus meinem Leben gegriffenes Beispiel wäre: Während ich aus dem Haus war und die Balkontür offen stand, fiel eine Pappkiste um und zerstörte dadurch ein Stück Weihnachtsdekoration. Möglich ist, dass ein Windstoß dafür verantwortlich war, der durch die Balkontür kam (die Kiste stand nicht weit davon weg und war leicht), oder dass jemand unbemerkt die Hauswand hochgeklettert ist, durch die offene Tür kam, die Kiste umgeworfen hat und dann ohne weitere Aktionen die Wohnung wieder genauso unbemerkt verlassen hat.

Im Wettbewerb der Erklärungen würde man beide als möglich erachten, aber die mit dem Wind stärker werten. Indem sich der Autor des Kommentars auf dieses Prinzip beruft, sagt er jedoch auch: Er hält das marsianische Leben nicht für ausgeschlossen. Denn natürlich ist es *möglich*, dass jemand in meine Wohnung geklettert ist und nur diese eine Weihnachtsdeko zerstört hat. Es ist nur *unwahrscheinlich*, und wie wir beim Träumen und dem Weg vom Mars festgestellt haben, passieren ständig unwahrscheinliche Dinge. Aber hier reden wir von einer speziellen Situation, nämlich von Sherlock Holmes' Reduktion seiner acht Ideen. Und im Kampf der möglichen Erklärungen führt eher die zur Wahrheit, die nach dem Prinzip von Occam's Razor (zu deutsch: Ockhams Rasiermesser) zu bevorzugen ist.

Die Forschenden mit der Chance, erstmals in der Geschichte außerirdisches Leben nachzuweisen, waren dabei nicht naiv, sondern höchst strategisch vorgegangen. Zum einen führten sie eine Art Red Team ein. Dieser Begriff steht dafür, dass man jemanden bittet, absichtlich schädlich und antagonistisch zu handeln, um zu sehen, ob die eigenen Sicherheitssysteme unterlaufen werden können. Mein Lieblingsbeispiel dafür ist, eine Bekannte, die den eigenen Kindern unbekannt ist, zu bitten, die Kids von der Schule abzuholen. So kann auf sichere Art getestet werden, ob die Kinder zu einer fremden Person ins Auto steigen würden oder nicht. Ein Red Team arbeitet also gegen einen selbst, aber im Sinne der eigenen Interessen.

Nur dass es bei der Gruppe um ALH 84001 gleich zwei Teams gab, die nach den Farben der Planeten geordnet waren: Das Red Team sollte davon ausgehen, dass es Leben auf dem Mars gab, und sich überlegen, was dann noch zutreffen müsste; so sollten neue Hypothesen erstellt werden, deren Ergebnis die aufregendere Annahme unterstützen konnten. Das Blue Team hingegen arbeitete unter der Annahme, dass es sich bei den Mikroben um Verschmutzung durch irdische Lebewesen handelte.

Ich würde so gern von dem inzwischen erfolgten Nachweis berichten, dass es marsianische Mikroben gab (oder sogar gibt!) oder dass die kleinen Kerlchen von der frühen Erde auf den Mars gereist waren oder so. Stattdessen gab es zwanzig Jahre nach dem ursprünglichen Bericht ein eher langweiliges Update: Es hatte sich zwar noch nicht der ganze Staub gelegt und Fragmente des Steins werden noch heute weiter untersucht. Trotzdem scheint es mehr und mehr so, als stamme alles Gefundene problemlos von natürlichen Prozessen oder Verschmutzungen, sogar die Mikroben-typischen Formen und die erwähnten magnetischen Kristalle (wobei diese derzeit noch die stärksten Kandidaten sind).

Es steht aber außer Zweifel, dass diese Debatte für die Wissenschaft ein großer Schritt vorwärts war, da man sich plötzlich über Dinge Gedanken gemacht hat, die vorher nie Thema waren. Im Update beschwert sich eine Autorin des ursprünglichen Papers darüber, dass wir bis heute keine klare Definition dessen haben, wonach eigentlich gesucht wird. Auf ganz grundlegender Basis, ab wann würden wir von Leben sprechen? Ab welchem Punkt wird aus Chemie Biologie? Schon auf der Erde haben wir damit Schwierigkeiten, man denke nur an Viren. Ganz heruntergebrochen handelt es sich bei Viren lediglich um Genmaterial, das aufgrund der Verpackung, in der es angeliefert gibt, teils erstaunliche Dinge vollbringen kann. Viren haben keine Zellen, haben keinen eigenen Stoffwechsel und wachsen nicht. Wenn wir nicht wüssten, was ein Virus ist, und ihm auf einem anderen Planeten begegneten, würden wir es vermutlich nicht als Lebewesen klassifizieren. Es ist ein Sonderfall vom Suchen der Wohnungsschlüssel im Licht der Straßenlaterne: ALH 84001 ist in dem Fall der Lichtkegel, aber unsere Suche wird dadurch weiter erschwert, dass wir noch nie einen Wohnungsschlüssel gesehen haben.

Das ECREE-Prinzip

Eine Weisheit zog sich durch die gesamte Geschichte des Meteoriten, gleich ab dem ersten Paper: Außergewöhnliche Behauptungen erfordern außergewöhnliche Nachweise. Noch am selben Tag, an dem Bill Clinton den Fund öffentlich machte, sagte auf einer Pressekonferenz ein Forscher, der dem Leben vom Mars kritisch gegenüberstand, diesen Satz. Er zitierte damit Carl Sagan, der das Konzept zwar nicht erfand, aber die griffige Formulierung popularisiert hat. Man kann den Satz auch abkürzen zu ECREE, nach den Anfangsbuchstaben der englischen Originalformulierung (»Extraordinary claims require extraordinary evidence«). Sagan, aus meiner Sicht eine der zentralen Persönlichkeiten in der Geschichte der modernen Wissenschaftskommunikation, hatte als Autor der Romanvorlage von *Contact* noch eine andere Verbindung zum damaligen Geschehen.

Was genau ist mit dem Prinzip hinter ECREE gemeint? Gegenüber Freddy habe ich es so erklärt: Würde Freddy mir sagen, er hätte sich heute Morgen einen teuren BMW gekauft, dann würde ich das anzweifeln, weil ich das für eine ungewöhnliche Entscheidung von ihm hielte. Aber er könnte mich davon überzeugen, zum Beispiel mit einem Handyfoto von sich und dem Auto oder wenn er den Kaufvertrag und den Fahrzeugschein bei sich trägt. Unter diesen Umständen wäre ich vermutlich überzeugt.

Die Situation wäre anders, wenn Freddy behaupten würde, er hätte das Original Space Shuttle Atlantis gekauft. »Unsinn«, würde ich sagen, »das ist im Kennedy Space Center ausgestellt und mit Sicherheit unverkäuflich.« Aber Freddy beharrt darauf, zeigt mir ein Foto von sich und der Raumfähre in seinem Garten, zieht Dokumente aus der Tasche, die den Kauf bestätigen. Er zeigt mir sogar eine E-Mail von der NASA mit einem freundlichen Gruß des Administrators, in welcher der Transport des Shuttles nach Deutschland besprochen wird. Aber nichts davon kaufe ich ihm ab. All diese Dinge kann man schließlich leicht fälschen. Ich erinnere an dieser Stelle nur an den Betrüger, der Hunderten von Investor:innen über Jahre erfolgreich vorgegaukelt hat, es gäbe bald einen riesigen Disney Park in Texas, um ihnen für viel Geld sein wertloses Land zu verkaufen. Die Hoffnung war, dass eine ungenutzte Region zu einem riesigen neuen Wirtschaftsstandort heranwachsen würde, mit vielen Hotels, eigenem Flughafen und so weiter. Er hatte Pläne, Unterschriften, alles was man sich vorstellen konnte – nur dass nichts davon echt war. Und da mir Freddys Geschichte unmöglich erscheinen würde, das Fälschen aber durchaus möglich, würde ich seine Behauptung ablehnen. Vermutlich würde ich es sogar noch anzweifeln, wenn ich das Shuttle mit eigenen Augen in seinem Garten sähe, denn es könnte ja immer noch eine aufwendige Replik sein.

Trotzdem ist es ja so, dass beide Behauptungen – also die mit dem BMW und die mit Atlantis – entweder richtig oder falsch sein können. Und im ersten Moment habe ich für beide eine vergleichbare Datenbasis, nämlich Freddys Aussage dazu sowie vielleicht noch ein Handyfoto. Wie ist es dann zu rechtfertigen, dass ich im einen Fall weitere Nachweise verlange, bevor ich mich auf meine Meinung dazu festlege, und im anderen nicht? Eben darum geht es bei ECREE: Die verlangte Beweislast wird der erwarteten Wahrscheinlichkeit der Behauptung angepasst. So formuliert, klingt das ganz vernünftig, und es ist in der Tat eine der grundlegendsten

Erkenntnisse der wissenschaftlichen Methode. Wenn euch dieses Prinzip trotzdem merkwürdig erscheint oder sogar willkürlich, dann seid ihr nicht allein mit eurer Kritik.

Eine jüngst besonders produktive Diskussion dieses Konzepts wurde von schlauen Bienen losgetreten. Ein Artikel von 2020 berichtet, wie Honigbienen sowohl das Konzept der Null wie auch mathematische Addition und Subtraktion beigebracht wurden. Das ging über ein kleines Labyrinth, wenn man so will, in Form eines Ypsilons, in dem die Bienen immer die Wahl zwischen dem einen oder dem anderen Gang hatten. Am einen Ende befand sich leckerer Zucker, am anderen bitteres Chinin, das sie nicht mögen. In einer Reihe von Versuchen wurde den Bienen zum Beispiel beigebracht: Wenn das Symbol am Eingang des Labyrinths blau ist, dann ist der richtige Gang der, der ein Symbol mehr hat. Wenn es aber gelb ist, dann befindet sich der Zucker in dem Gang, der ein Symbol weniger hat. Nach einigen Trainingseinheiten wurde das überprüft, und die Bienchen hatten das Konzept offenbar verstanden. Zumindest gingen sie überzufällig häufig in den richtigen Gang. Durch Kontrollaufgaben sollte sichergestellt werden, dass sie nicht einfach durch reines Erinnern und auch nicht einfach über den Geruch ans richtige Ende des Labyrinths kommen konnten. Scheinbar rechneten die Bienchen also. Vielleicht zählten sie es ja an ihren Streifen ab, das fände ich persönlich die putzigste Variante.

Ähnlich wie beim Stein vom Mars gab es auch hier Gründe, dieses Ergebnis für mehr oder weniger albern zu halten. Einerseits würde man bei dem klitzekleinen Gehirn der emsigen Bienen nicht erwarten, dass sie zum Erlernen von etwas so Abstraktem wie Addition und Subtraktion in der Lage sind. Andererseits kennt man von anderen Tieren, und sogar auch von anderen Insekten, teils erstaunliche kognitive Leistungen. Für wie abgefahren man das Ergebnis hält, hängt also auch wieder ein wenig von der eigenen Meinung und Erwartung ab. Das rief dann einige Psycholog:innen auf den Plan, denn in der Psychologie herrscht derzeit die sogenannte

Replikationskrise, ein gemeinschaftliches Hinterfragen der Ergebnisse der letzten Jahrzehnte. Dadurch bestand sofort Interesse an einer Diskussion darüber, ob dieser Bericht so hätte erscheinen dürfen oder nicht.

Wovon hat die (Wissenschafts-)Welt mehr: Wenn eine sehr steile These veröffentlicht wird und sich später vielleicht als falsch herausstellt, oder wenn man vorher schon abblockt, solange keine ausreichend starke Datengrundlage präsentiert wird? Anders gesagt: Welchen Standard legen wir bei einem ungewöhnlichen Ergebnis an?

In einer äußerst interessanten Diskussion darüber präsentierten die Forschenden aus dem Bereich der Psychologie ihre Ansichten. Die eine Seite, nennen wir sie hier einfach mal Pro-Bienchen, sagt: Wir sollten zwar ein hohes Maß an Evidenz anlegen, bevor wir etwas als wissenschaftlich bestätigt ansehen, aber umgekehrt sollten wir nicht zu streng damit sein, was als erste Publikation eingebracht werden darf. Das ergibt durchaus Sinn, wenn wir an das Beispiel von Einsteins Vorhersage des Sternenhimmels während der Sonnenfinsternis zurückdenken: Das klang auch sehr außergewöhnlich und war so lange umstritten, bis es mithilfe der Expedition nachgewiesen wurde. Und bei den Neutrinos hat es ja auch gut funktioniert. Von daher: Go, Team Pro-Bienchen!

Aber auch die Gegenseite hat sehr gute Argumente: Eine zu niederschwellige Erwartung an die Evidenz eines veröffentlichten Papers führt zu mehr Ergebnissen, die später widerlegt werden oder nie bestätigt werden können. Ganz unmittelbar bedeutet das ein weniger gut zu überschauendes Feld der Literatur, im Schnitt eine geringere Vertrauenswürdigkeit in die Artikel, die man antrifft, und eine potenzielle Verschwendung von Fördergeldern. Kritischer wird es, wenn Tierversuche dabei im Spiel sind, denn in der Forschung herrscht Konsens, dass es von denen nur so viele geben sollte, wie wirklich nötig ist. Und am Beispiel der Wakefield-Studie zu Impfungen und Autismus wird darauf hingewiesen, welch riesigen Schaden ein zu schlecht geprüftes wissenschaftliches Paper verursachen kann. Damals wurden Daten gezielt so zurechtgedreht, dass ein Zusammenhang berichtet wurde, den es nicht gab. Der dadurch angerichtete Schaden zeigt sich noch heute in Umfragen zum Thema: Einige Leute sind immer noch davon überzeugt, dass Impfungen zu Autismus führen können, obwohl das nie so war und obwohl die Studie damals direkt nach Erscheinen angezweifelt wurde. Daher ist der Standpunkt dieser Seite in der Diskussion, dass wissenschaftliche Artikel im Zweifel zurückgehalten beziehungsweise abgelehnt werden sollten, bis eine überzeugende Datenlage vorhanden ist. Und das wäre bei den schlauen Bienchen nun mal (noch) nicht so, von daher hätten sie (noch) nicht berichtet werden dürfen.

Wir haben also zwei Strategien für den Umgang mit Studien, die sehr außergewöhnliche Behauptungen aufstellen: im Zweifel zulassen oder im Zweifel ablehnen. Aber es tut sich dabei eine viel größere Frage auf, und über die müssen wir eigentlich sprechen, wenn wir mehr über Fakten und Meinungen erfahren wollen: Was macht eine außergewöhnliche Behauptung aus? Woran richtet man den Standard aus und damit das Maß an Überschreitung, ab dem eine Aussage so außergewöhnlich ist, dass auch außergewöhnliche Nachweise geliefert werden müssen? Und, noch viel wichtiger: *Wer* legt diesen Standard fest?

Geht es nur um Meinungen, dann steht die Antwort auf die letzte Frage fest: Ich, der Hauptcharakter meines eigenen Universums, lege fest, wie ich meine Meinung bilde. Und ich sage: Ich werde Freddy niemals glauben, dass er das Space Shuttle gekauft hat, außer ich habe es in seinem Garten gesehen und für mehrere Stunden selbst untersucht UND bin dann noch nach Florida geflogen, um mir selbst von den Leuten dort bestätigen zu lassen, dass sie die Raumfähre in der Tat verkauft und nach Deutschland verschifft haben. Für die persönliche Meinungsbildung ist diese sehr strikte Messlatte vollkommen in Ordnung, schließlich kann und muss ich selbst entscheiden, was alles dazugehört, dass ich etwas glauben oder jemandem vertrauen möchte.

Nur geht es bei dieser Diskussion nicht um persönliche Einstellungen, sondern um die Naturwissenschaft, und damit nicht um Meinungen, sondern um Fakten. Wir müssen uns somit irgendwie auf einen Standard einigen, und nach Möglichkeit sollte dieser Standard nicht einfach nur lauten »Wenn ich ein komisches Gefühl dabei habe«. Allerdings, wie die Psychologin Mary Murphy in der Debatte klar benennt, kann man nicht definieren, was eine *außergewöhnliche* Behauptung ist, ohne vorher den Gesamtumfang der *gewöhnlichen* Behauptungen bestimmt zu haben. Wir bemessen eine neue Aussage danach, inwiefern sie dem zuwiderläuft, was wir aufgrund unserer vorherigen Erfahrungen als plausibel empfinden.

Das *kann* funktionieren, solange dieser Standard glasklar festgelegt ist und von allen Seiten gleichermaßen anerkannt wird. So war der Fall mit Einsteins Sonnenfinsternis: Salopp gesagt, widersprach seine Aussage der damals gültigen Physik und wurde erst akzeptiert, nachdem ein sehr aussagekräftiger Nachweis gefunden worden war. Ganz ähnlich verhielt es sich mit den überlichtschnellen Neutrinos, nur dass die am Ende widerlegt wurden. Aber wie ist das bei den Mikroben vom Mars oder den schlauen Bienchen? Da kann man nicht sagen, dass sie der aktuellen Naturwissenschaft zuwiderlaufen, sondern eher, dass es aufgrund der vorherigen Befunde in den verschiedenen Disziplinen ein unterschiedliches Maß an gerechtfertigten Zweifeln gibt. Vermutlich wäre jemand aus der Neuropsychologie des Menschen eher skeptisch (Wie soll so ein kleines und hochspezialisiertes Bienenhirn diese Leistungen vollbringen können?) und jemand aus der Zoologie oder Insektenkunde eher aufgeschlossen (Bienen und andere Insekten haben uns mit ihren kognitiven Leistungen schon mehrfach überrascht).

Es kann also nicht immer einen allgemeingültigen Standard geben, an dem sich die Außergewöhnlichkeit einer Behauptung messen lässt. Es herrscht eher dieselbe Devise wie einst beim Obersten Gerichtshof der USA: »I know it when I see it.« Der Satz fiel dort, als entschieden werden musste, ob ein bestimmter französischer

Liebesfilm obszön ist oder nicht. Speziell musste festgelegt werden, ob es sich dabei um »Hardcore-Pornografie« handelte, weil der Film andernfalls von der Kunstfreiheit gedeckt war. Aber dazu muss man eben klar festlegen, wo die (Hardcore-)Pornografie tatsächlich beginnt. Und mit diesem Satz »Wenn ich ihn sehe, werde ich es schon erkennen« vermied einer der Richter, eine große Abhandlung über Genitalien, Erregung oder Kameraeinstellungen halten zu müssen. Die Aussage ist im Grunde: Irgendwann verlässt man den Bereich der »normalen«, »gewohnten« Kinofilme und gerät in die Sparte der pornografischen Filme, und über die Frage, wo diese Grenze genau verläuft, sind wir uns vermutlich im Großen und Ganzen einig.

Letztlich muss jede Gesellschaft für sich entscheiden, wo die gemeinhin akzeptierte Kunst aufhört und die Obszönität beginnt. Aber wollen wir diesen Standard wirklich auch bei der Frage ansetzen, ob Honigbienen rechnen können oder nicht? Da geht es schließlich um die Suche nach Fakten, nicht nach der Mehrheitsmeinung.

Bei der Naturwissenschaft kommt erschwerend dazu, dass sich das Ausmaß des Zweifels nicht nur danach unterscheidet, aus welchem Fachgebiet die Zweifler:innen stammen, sondern auch, *wer* angezweifelt wird. In der beschriebenen Diskussion wird vorgebracht, dass Menschen aus weniger repräsentierten Gruppen in der Forschung meist größerer Skepsis ausgesetzt sind. Wenn Frauen und/oder Minderheiten weniger ernst genommen werden, was in der Wissenschaft durchaus immer noch der Fall ist, dann kann dieselbe Aussage als vertrauenswürdiger eingeschätzt werden, wenn sie von einem weißen Mann ausgesprochen wird. Anders formuliert: Der Anspruch, an dem die Außergewöhnlichkeit einer Behauptung gemessen wird, kann sehr leicht für das ausgenutzt werden, was man gemeinhin als Gatekeeping bezeichnet. Wer die Naturwissenschaft als einen Verein weißer Männer beibehalten möchte, hat mit dem ECREE-Prinzip ein mächtiges Instrument in der Hand: Ich lasse deine Aussage nicht als wissenschaftlichen Fakt zu, da sie nicht dem Anspruch an Gewöhnlichkeit entspricht, den ich mir selbst zurechtgelegt habe.

Ganz grundlegend heruntergebrochen, stellt sich das Problem so dar: Die Wissenschaft muss offen sein, sonst verpasst sie wichtige Informationen. Schließlich begann jede wissenschaftliche Revolution irgendwann damit, dass jemand ein Ergebnis präsentiert hat, welches der gerade vorherrschenden allgemeinen Ansicht zuwiderlief. Nur so gibt es wissenschaftlichen (oder anderweitigen) Fortschritt. Gleichzeitig darf die Wissenschaft nicht so offen sein, dass Aussagen mit mangelnder Beweislage als Fakt angesehen werden. Anderslautende persönliche Ideen könnten dann zu leicht als gleichwertig zum wissenschaftlichen Konsens präsentiert werden. Wir wären weniger gut in der Lage, stark und schwach belegte Aussagen zu unterscheiden. Im schlimmsten Fall käme irgendein Wissenschaftler auf die Idee, ein Buch mit dem Titel »Fakten sind auch nur Meinungen« zu schreiben.

Was ist also die Lösung? die Wissenschaft hätte Strategien, die dabei zumindest helfen können. Es könnte zum Beispiel eigene Journals oder Webseiten geben, bei denen eingereichte Artikel zwar genauso geprüft und bewertet werden wie überall sonst, aber im Zweifel eher zugelassen als abgelehnt werden. Oder man führt, um Verwechslungen zu vermeiden, ein Konzept außerhalb des üblichen akademischen Publikationssystems ein, bei dem das allgemeine Verständnis herrscht, dass dort auch unfertige, halbgare oder außergewöhnliche Ideen vorgestellt werden können.

Die gute Nachricht ist, dass diese beiden Dinge bereits existieren. Es gibt Journals, die ein Manuskript genau dann zulassen, wenn die Methode stimmt, also unabhängig davon, ob die Befunde dem entsprechen, was man auf Basis des wissenschaftlichen Konsens vermuten würde oder nicht. Und es gibt akademische Konferenzen, bei denen es viel üblicher ist, mal eine unerwartete oder besonders steile These zu präsentieren. Dennoch gibt es bei beiden

Plattformen Schwierigkeiten, denn auch die Reviewer der rein methodenbezogenen Journals sind nicht komplett unvoreingenommen, und es werden immer wieder Aussagen als Fakt berichtet, die man nur mal auf einer Konferenz gehört hat.

Zusammengefasst gibt es also einen schwammig definierten, weil nicht klar definierbaren naturwissenschaftlichen Konsens darüber, welche Aussagen überhaupt als potenziell faktisch angesehen werden. Man muss eine Kompromisslösung einführen, zum Beispiel: So offen wie möglich, aber so streng wie nötig. Soll heißen: Eine neue, außergewöhnliche Aussage wird zunächst zugelassen, und zwar egal von wem sie kommt, und wird dann hart geprüft, bevor man sie als Fakt anerkennt. Ich denke, diese Einstellung würden die meisten in der Naturwissenschaft unterschreiben. Über die weiteren Details, also ob es ein Journal mit Warn-Label geben soll oder ob und wie Aussagen auf Konferenzen in der Presse berichtet werden sollten und so weiter, könnten wir uns dann noch mal gesondert unterhalten.

Problem 11. Der Fußballtrainer, oder: Wir sortieren nach Erwartung vor

Allerdings gibt es da ein zusätzliches Problem. Die Frage, was man naturwissenschaftlich zulässt und was nicht, findet überhaupt nicht erst auf der Ebene der eingereichten Manuskripte statt, sondern bereits vorher, im Labor, bei der eigentlichen wissenschaftlichen Arbeit. Ich will das an einem fiktiven Beispiel darlegen. Stellt euch vor, ihr führt eine Studie durch, um das durchschnittliche Bruttomonatsgehalt der Deutschen zu bestimmen. Ihr nehmt euch vor, dafür tausend Personen in Deutschland anzurufen. Dafür tippt ihr komplett zufällig Telefonnummern ins Handy und schaut, wer abhebt. Statistisch ist das ein prima Vorgehen, denn ihr wollt ja eine möglichst repräsentative Stichprobe, und die zufällige Auswahl einer stattlich großen Gruppe ist dafür der beste Weg. Nehmen wir der Einfachheit halber außerdem an, dass die ersten 999 Anrufe dabei absolut perfekt ablaufen; soll heißen: Jedes Mal hebt eine Person ab, die in Deutschland lebt und bereit ist, euch eine ehrliche Auskunft über das Einkommen zu geben. Nach jedem Anruf rechnet ihr den bisherigen Durchschnitt zusammen, und nach diesen ganzen Telefonaten liegt ihr bei einem Wert von 3539 Euro. Toll gemacht, nur noch ein Anruf und die Studie ist fertig!

Der Angerufene hebt ab: »Nagelsmann, guten Tag, was kann ich für Sie tun?« Ui, ihr habt zufällig die Nummer des Bundestrainers der Deutschen Fußballnationalmannschaft der Männer gewählt! Berichten zufolge liegt sein Gehalt bei etwa 400 000 Euro im Monat, und das sagt er euch auch am Telefon und verabschiedet sich höflich. Ihr packt ein letztes Mal den Taschenrechner aus. Plötzlich liegt euer berechnetes durchschnittliches Bruttomonatsgehalt bei 3934 Euro. Dieser eine unerwartet hohe Datenpunkt hat den Schnitt um mehr als elf Prozent nach oben verzerrt!

Wie geht ihr damit um? Man könnte meinen, das ehrlichste Vorgehen wäre, die Daten so zu berichten, wie sie sind. Schließlich habt ihr genau die Methode angewendet, die ihr vorher geplant hattet, und es gab bei der Datenerhebung keinerlei Schwierigkeiten, schließlich haben alle ehrlich geantwortet. Aber dann würden unzählige Deutsche denken, sie würden »zu wenig« verdienen, da sie bei einer unverzerrten Angabe im Durchschnitt liegen würden, bei dieser aber nicht.

Vielleicht denkt ihr ja, ihr hättet bei dem Bundestrainer einfach auflegen sollen, da er nicht zur »normalen« beziehungsweise der »normal verdienenden« Bevölkerung gehört. Aber das hätte bedeutet, einen willkürlichen Schnitt anzusetzen, ab wann jemand nicht mehr zur »Normalbevölkerung« zählt, und das wäre ja auch wieder eine Bewertung nach der eigenen Erwartung gewesen, über die man sich streiten könnte. Vielleicht solltet ihr das Ergebnis wie geplant veröffentlichen, mit einer kleinen Warnung versehen: »Obwohl streng genommen nichts schiefgelaufen ist, haben wir den Verdacht, dass unsere Studie durch einen Zufall verzerrt wurde.« Aber ich kann euch aus Erfahrung sagen: Das, was nachher in den Schlagzeilen genannt werden wird, ist die Zahl, nicht die Warnung.

Es scheint wie eine unmögliche Situation – man kann es nur falsch machen. Für diesen speziellen Fall kann ich den Druck aber rausnehmen: Ich habe das Beispiel so simpel gewählt, dass es auch eine simple Lösung gibt. Wenn wir »Durchschnitt« sagen, meinen wir üblicherweise das arithmetische Mittel (eine Tatsache, über die ich mich bereits beim Thema der Fermi-Schätzung beschwert hatte). Nimmt man stattdessen ein anderes Durchschnittsmaß, nämlich den Median, dann landet man bei dem Ergebnis, nach dem man gesucht hat, also in diesem Fall bei den 3539 Euro im Monat. Grund dafür ist, dass sich der Median von einzelnen Ausreißern nicht so leicht aus der Fassung bringen lässt.

Der Kern des Problems liegt hier also in einem falschen Versuchsdesign. Bei etwas, das in Einzelfällen so verzerrt sein kann wie das Monatsgehalt, hätte man gar nicht erst mit dem arithmetischen Mittel rechnen dürfen. Daher war diese Situation von mir künstlich erzeugt. Der allgemeinere Punkt trifft aber auch bei allen anderen Untersuchungen zu: Ab wann zähle ich etwas als statistischen Ausreißer? Manchmal scheint die Lage ganz klar zu sein: Wenn ich den Blutdruck einer Patientin messe und ein Ergebnis von 999/99 bekomme, dann ist die Wahrscheinlichkeit sehr hoch, dass ein technischer Fehler vorliegt. Wenn das Ergebnis dagegen bei 135/85 liegt, habe ich diesen Verdacht erst mal nicht. Das führt automatisch zu einer Situation, in der wir Dinge, die sich gut zu unserer bereits bestehenden Meinung fügen, ohne weiteres Hinterfragen als Fakt akzeptieren und die anderen anzweifeln oder ablehnen. Es ist damit unser *Problem 11*: Wir sortieren nach Erwartung vor.

Nicht nur auf der Ebene der Theorien und Ideen, sondern auch bei Beobachtungen und Messungen wird gezwungenermaßen ein

Abgleich vorgenommen zwischen dem, was man erwartet, und dem, was man sieht. Je nachdem, ob sie unseren früheren Ergebnissen entspricht, würde die gleiche Zahl, der gleiche Datenpunkt einmal angezweifelt werden und einmal nicht. Obwohl man also denkt, man ginge zum Beispiel komplett offen und frei an das Thema des durchschnittlichen Monatsgehalts heran, hat man tatsächlich bereits unvermeidbare Vorstellungen darüber, welche Werte man als »zu hoch« ablehnen würde. Das Perfide dabei ist, dass das immer und überall zutrifft. Ganz egal, wie offen wir an etwas herangehen: Wir legen dabei Grenzen fest, deren wir uns üblicherweise nicht bewusst sind und die in aller Regel stark von unserer Eigenheit und Weltanschauung geprägt sind. Wenn mich Freddy fragt, ob er sich für meine Geburtstagsparty schick machen soll, und ich antworte ihm »Zieh einfach an, was du magst, da gibt es überhaupt keine Vorgaben«, dann ist das ja zunächst nicht richtig; denn ich würde ihn bitten zu gehen, wenn er zum Beispiel nackt aufkreuzt oder eine Uniform der Hitlerjugend trägt. Gleichzeitig wäre es natürlich vorstellbar, in einer Kultur zu leben, in der man generell nur nackt auf Geburtstagspartys geht oder in der die HJ-Uniform nicht auf Gegenwehr stößt. Das bedeutet, in meiner vermeintlichen Offenheit verstecken sich Begrenzungen, die sich direkt aus meiner kulturellen Prägung ergeben.

Dieses Problem macht auch vor der Politik nicht halt. Zum Beispiel findet sich auf Instagram folgender Beitrag des Accounts von Markus Söder, dem bayerischen Ministerpräsidenten, von Anfang 2023: »Bayern ist anders als Berlin, wir lehnen Wokeness, Cancel Culture und Genderpflicht ab. Bei uns darf man essen, was man will, sagen und singen, was einem gefällt.« An diesem Post gibt es einige diskussionswürdige Punkte, für den Moment geht es mir vor allem um die Unschärfe des zweiten Satzes. Darf man denn in Bayern wirklich essen, was man will? Wenn ich jetzt zum Beispiel das Bedürfnis hätte, Söders Haustier Molly zu essen, dann wäre mir die Umsetzung dieses Bedürfnisses vermutlich rechtlich untersagt. Und was das freie Sprechen angeht, könnte ich vermutlich nicht ohne rechtliche Konsequenzen Drohungen oder Beleidigungen gegen Söder aussprechen. Meine Freiheit, zu essen und zu sagen, was ich will, ist also dort rechtlich eingeschränkt, wo sie andere schädigt oder wiederum deren Freiheit bedroht. Und wir sind uns ja hoffentlich alle einig darüber, dass das auch gut so ist, denn nur auf diese Art genießen wir rechtlichen Schutz. Aber das bedeutet auch, dass man eben *nicht* essen und sagen kann, was man will. Die vermeintliche absolute Freiheit, die in dem Beitrag beworben wird, ist eine Illusion, die immer da entsteht, wo man sich mit anderen Leuten kulturell einig ist. In Wirklichkeit setzt man sich und anderen dabei strenge Regeln – nur spricht man sie nicht an, sondern geht einfach davon aus, dass alle anderen sie genauso sehen. Wenn man dann sieht, dass andere diese Regeln gern ausweiten würden, zum Beispiel durch inklusivere Sprache oder fleischlose Alternativen beim Essen, dann fühlt sich das schnell wie eine Bedrohung von außen an, obwohl es dabei nur um einen simplen kulturellen Diskurs geht.

Egal, ob wir über die Politik oder über die Arbeit im Labor sprechen: Wir können uns nicht davor schützen, eigene Filter anzulegen, die auf kulturellen und erfahrungsbezogenen Erwartungen basieren. Ich darf diesen Gedanken noch etwas härter ausdrücken: Die Bewertung, ob etwas als Fakt gilt, ist nicht ohne Meinung möglich.

Ich merke schon, ihr kauft mir das nicht ohne Weiteres ab. Lasst mich weiter ausholen.

Problem 12. Gonzo, oder:
Wir können nicht ganz ohne Erwartung beobachten

Was dieses Buch bislang an zahlreichen Beispielen und Befunden klarzumachen versucht hat, ist folgende Erkenntnis: Wir prägen unsere eigenen Beobachtungen. Wie beschrieben, sind wir sehr schlecht darin, klare und eindeutige Wahrnehmungen aufzunehmen und das Wahrgenommene zu erinnern. Und selbst wenn wir das alles perfekt hinbekommen, suchen wir immer noch unter unserer eigenen Straßenlaterne und bewerten das, was wir finden, nach dem, was wir bereits kennen. So betrachtet, ist es ein komplettes Wunder, wenn wir überhaupt mal einen eindeutigen Gedanken im Kopf haben.

In manchen wissenschaftlichen Disziplinen liegt dieses Problem der verzerrten Wahrnehmung mehr auf der Hand als bei anderen. Ich habe bereits erwähnt, dass sich die Leute in der Quantenphysik und die in der Sozialwissenschaft in einem Punkt erstaunlich einig sind: Was man misst, verändert man auch. In der Physik wird dieses Prinzip üblicherweise mit dem Gedankenexperiment von Schrödingers Katze beschrieben, die in einer verschlossenen Kiste gleichzeitig lebendig oder tot ist, bis die Kiste geöffnet wird. (Mein Lieblingswitz dazu ist, wie Schrödingers Frau ruft: »Erwin! Was um alles in der Welt hast du mit der Katze gemacht, sie ist halb tot!«)

In der Sozialwissenschaft kennt man das Gleiche als Hawthorne-Effekt. Er führt etwa einhundert Jahre zurück, als man in den Hawthorne-Fabriken in Illinois organisationspsychologische Studien durchgeführt hat. Zum Beispiel wurde die Arbeitsdauer variiert oder die Länge der Pausen oder auch die Beleuchtung. Eine spätere Interpretation der Daten aus dieser Studie lautete: Egal, welche Maßnahmen man eingeführt hat, um die Produktivität in den Fabriken zu steigern, alle haben etwas gebracht. Dadurch kam die Idee auf, dass die Beobachtung allein zu einer Verbesserung geführt hat. Und in dem Fall macht das ja auch Sinn: Wenn ich beobachtet werde, will ich mich gut verhalten. Inzwischen wird darüber gestritten, ob diese Interpretation der Originaldaten tatsächlich akkurat war, aber der Begriff hat sich längst verselbstständigt. Zum Beispiel kam kurz vor der Coronapandemie die Frage auf, ob die Regeln zur Handwasch-Hygiene in Pflegeeinrichtungen eingehalten werden und wie man das am besten misst. Bei direkten Beobachtungen muss man damit rechnen, einen Hawthorne-Effekt auszulösen: Es ist sehr zu erwarten, dass Beobachtete ihre Hände bewusster waschen werden und man daher möglicherweise mit einem zu positiven Bild von den Hygienestandards aus der Studie rausgeht. Es gibt Wege, den Effekt zu vermeiden. Als Alternative zur direkten Beobachtung wird vorgeschlagen, den Seifenverbrauch in der Einrichtung zu messen. Und natürlich könnte man, wenn einem die Ethik dabei egal ist, die Mitarbeitenden komplett heimlich überwachen und den Effekt damit ebenfalls umgehen.

Aber wenn es so ist, dass Beobachtende einen Einfluss auf die Messdaten haben, oder wenn wir diese Möglichkeit zumindest nicht komplett ausschließen können, dann gibt es nur einen verantwortungsbewussten Weg: Wir müssen unseren eigenen Einfluss wahrnehmen, anerkennen und möglichst auch quantifizieren, also sein Ausmaß erfassen. Der Journalismus hat der Naturwissenschaft da etwas voraus: Da gibt es bereits seit über einem halben Jahrhundert das Konzept des Gonzo-Journalismus, in dem man mehr über sich selbst und seine eigenen Erfahrungen berichtet als über das eigentliche Objekt des Artikels. Das Konzept geht zurück auf den sehr illustren amerikanischen Autor Hunter S. Thompson. Sein bekanntester Beitrag zum Genre entstand, als er von einem jährlichen Motocross-Rennen in der Wüste berichten sollte und stattdessen hauptsächlich von seinen Drogenexzessen und der Verschwendung seiner Spesen schrieb, garniert mit Gedanken über den Untergang der US-Kultur. Das Ergebnis kennt man heute unter dem Titel »Fear and Loathing in Las Vegas«.

Das Prinzip des Gonzo-Journalismus bietet sich natürlich nicht bei allem an. Wenn ich lesen will, was auf der letzten Gemeinderatssitzung beschlossen wurde, muss ich nicht erfahren, wie viel Drogen der Reporter vorher zu sich genommen hat. Aber wenn es um etwas geht, das sich in seiner Dimension ohne den subjektiven Faktor gar nicht angemessen beschreiben lässt, dann kann es helfen, den Rahmen der menschlichen Wahrnehmung gleich mitgeliefert zu bekommen. Ich denke dabei daran, wie die überaus talentierte Wissenschaftsjournalistin Leigh Cowart von einer Wahlveranstaltung Donald Trumps berichtet hat. Ich zitiere: »Wäre ich ein besserer Journalist, der hier und heute vielleicht eher als neutraler Beobachter und weniger als Außenseiter durchgehen würde, dann denke ich, ich hätte das Durchhaltevermögen gehabt, durch dieses Meer aus Hass zu schwimmen.« Dass damit eher das eigene Entsetzen thematisiert wird als die vermittelten politischen Inhalte, das halte ich in dem Fall für durchaus legitim. Auf den Punkt gebracht wird auch das wieder in dem Film *Contact*: Als die Wissenschaftlerin Ellie Arroway mit etwas konfrontiert wird, das ihren Verstand und ihre Emotionen überwältigt, sieht sie sich nicht in der Lage, sinnvoll darüber zu berichten, und meldet zurück, man hätte an ihrer Stelle lieber einen Poeten schicken sollen.

Über das Problem der subjektiven Beobachtung von (vermeintlich) objektiven Fakten hat sich auch der legendäre Physiker Stephen Hawking Gedanken gemacht. Sie lassen sich am Beispiel einer Weltkarte verdeutlichen: Vielleicht sehen wir jeweils nur einen Ausschnitt der Karte und haben auch jeweils nur einen verschwommenen oder zumindest nicht perfekten Blick darauf. In dem Fall sollten wir uns auf die Stellen konzentrieren, an denen sich die Informationen unserer Karten überschneiden. Vielleicht weiß ich nur über Süddeutschland Bescheid und du nur über Ostdeutschland, und wir können unsere Karten anhand der Überlappungen zusammenfügen wie bei einem Puzzle. Dann hängt jemand anderes Frankreich an meine Karte an und Polen an deine und so weiter, bis wir eine gemeinsame Weltkarte haben.

Die Weltkarte ist dabei ein Modell, genauso wie wir einen Globus oder den Nachbau eines Hauses als Modell bezeichnen würden. Aber in der Naturwissenschaft hat dieser Begriff eine eigene Bedeutung und eine erhöhte Relevanz. Modelle sind in der Wissenschaft so wichtig, dass manche von euch schon am Anfang dieses Absatzes stark ausgeatmet haben: ENDLICH kommt er beim Reden über Fakten und Meinungen auf Modelle zu sprechen! Wurde auch langsam Zeit!

Modellabhängiger Realismus

Wissenschaftliche Modelle sind zunächst mal nichts anderes als das, was wir auch sonst unter dem Begriff verstehen: Nachbildungen, Simulationen von etwas, das wir aus der echten Welt kennen. Und da man die meisten Dinge in der echten Welt nicht einfach in ihrer Fülle kopieren kann, sind Modelle üblicherweise *vereinfachte* Nachbildungen, wie eben ein Globus oder auch eine Darstellung des menschlichen Gehirns. Allerdings dienen die wissenschaftlichen Modelle nicht allein der groben Orientierung oder der Dekoration des Büros. Ein zentraler Punkt an ihnen ist, dass sie Vorhersagen erlauben. Am Globus kann man zum Beispiel ablesen, wo man landen würde, wenn man sich einmal quer durch die Erde graben würde.

Und auch komplexere Dinge lassen sich abschätzen: Nehmt einfach mal einen Globus in die Hand und überlegt euch, von wo ihr am ehesten eine Weltraumrakete in den Orbit um die Erde schicken wolltet. Wenn ihr dem Globus einen Schubs in die richtige Richtung gebt, also so, wie sich die Erde auch in Wirklichkeit dreht, dann werdet ihr erkennen, dass es eine Rakete viel leichter haben wird, wenn sie nahe dem Äquator startet, denn da wird sie den größten Schubs mitbekommen. Am besten sucht ihr dann noch eine Stelle, die unbewohntes Gebiet in ihrem Osten hat, denn die Rakete wird durch den Schubs in Richtung Osten starten, und bei einem Fehlstart soll sich ja möglichst niemand unter der Flugbahn befinden. Wenn ihr nach diesen Kriterien schaut, werdet ihr die Positionen der größten Weltraumbahnhöfe der raumfahrenden Nationen erstaunlich gut abschätzen können (bei Russland und der EU dürft ihr nicht vergessen, ehemalige Sowjetstaaten und Überseeregionen in eure Überlegungen miteinzubeziehen).

Wissenschaftliche Modelle – und das unterscheidet sie ebenfalls von den aus dem Alltag bekannten – müssen zudem keine visuellen Darstellungen sein wie es eine Weltkarte oder ein Globus sind. Sie können auch mathematisch sein. Wenn man herausfinden will, wo eine Kugel hinrollt, die man am oberen Ende eines schiefen Bretts loslässt, dann kann man das als Modell nachbauen und ausprobieren. Aber man kann auch die entsprechenden Zahlen – Winkel des Bretts, Schwerkraft und so weiter – in eine entsprechende mathematische Formel füttern und es sich so ausrechnen. Die Formel ist also ebenso ein Modell.

Noch anschaulicher wird das bei einem klassischen Modell, das für die Biologie erstellt wurde: Die Lotka-Volterra-Gleichungen sind mathematische Formeln, die sich mit der Anzahl von Raubtieren und Beutetieren in einem Ökosystem beschäftigen, zum Beispiel Füchse und Hasen. Man füttert sie mit Zahlen wie der Reproduktionsrate der Hasen, wenn sie ungestört sind, oder auch der Sterberate der Füchse, wenn es nicht ausreichend Hasen gibt. Dann kann man das Modell verwenden, um abzulesen, wie sich die beiden Populationen über die Zeit verhalten werden, zum Beispiel wenn die Zahl der Hasen so weit abnimmt, dass es weniger Füchse gibt, aber dann eben wieder zunimmt, weil sie, die Hasen, weniger gejagt werden.

Natürlich ist ein echtes Ökosystem komplexer als das, genauso wie unser Planet komplexer ist als ein Globus. Darin liegt die ganz grundlegende Gefahr, dass man durch ein Modell eine zu vereinfachende Sicht auf die Welt hat, wie es der Naturwissenschaft generell manchmal vorgeworfen wird (auf jeden Fall der Psychologie). Dass sich die Welt der Forschung über diese Gefahr bewusst ist, spricht aus dem bekannten Zitat: Alle Modelle sind falsch, aber manche sind nützlich. Auch das zeigt sich wieder am Beispiel des Globus. Berlin etwa ist in Wirklichkeit gar kein flacher roter Kreis, aber zumindest lässt sich grob ablesen, wo es überhaupt liegt.

Ein naturwissenschaftliches Modell ist also dem, was ich bislang als »Erklärung« bezeichnet habe, sehr ähnlich, wenn auch nicht ganz das Gleiche. Gemeinsam haben die Konzepte, dass sie auf Beobachtungen, Messungen und Annahmen basieren. Aber eine Erklärung muss nur eins tun: erklären. Wenn die Frage, woher der Magier meine Telefonnummer wusste, einmal beantwortet ist, hat die Erklärung ihre Funktion erfüllt. Ein Modell dagegen muss zudem in der Lage sein, eine Aussage über die Zukunft zu machen, selbst wenn diese Aussage mit Unsicherheiten behaftet ist.

Das Erstellen eines Modells kann auch im Alltag hilfreich sein, zum Beispiel wenn man vor dem Treffen mit einer unbekannten Person nervös ist, gleich, ob ein Vorstellungsgespräch bevorsteht oder ein erstes Date. Es kann helfen, sich diese Person geistig vor Augen zu führen und einen wahrscheinlichen Dialog durchzuspielen. Dazu verwendet man alle Informationen, die man über diese Person hat – egal wie wenig es sein mag –, und füllt den Rest mit Annahmen aus. Schon ist die Angst vielleicht ein bisschen kleiner.

An diesem Beispiel erkennt man aber auch dasselbe Risiko wie bei den Füchsen und Hasen: Was, wenn mein Modell zu simpel oder schlichtweg zu falsch ist? Dann muss es sofort angepasst oder zur Not komplett verworfen werden. An einem Modell festzuhalten, das nicht mit neu gefundenen Fakten umgehen kann, ist zwar ein zutiefst menschliches Bedürfnis, aber auch zutiefst unwissenschaftlich.

Noch einmal zurück zu Stephen Hawking. Zusammen mit dem Physiker Leonard Mlodnow schlug er eine Sicht auf die Welt vor, die anerkennt, dass wir alle nur unperfekte Beobachter:innen sind. Der »modellabhängige Realismus«, wie sie ihren Entwurf genannt haben, besagt, dass wir nicht die tatsächliche »Wahrheit« wahrnehmen können, sondern höchstens ein sehr zutreffendes Modell von ihr. Die Autoren listen die vier Eigenschaften auf, die ein gutes Modell haben sollte. Zwei davon sind nach den oben beschriebenen Zielen aller wissenschaftlichen Modelle offensichtlich, nämlich: Ein gutes Modell erklärt alle existierenden Daten, und es macht Vorhersagen, die das Modell auch widerlegen könnten.

Die anderen zwei Eigenschaften klingen vielleicht etwas seltsam, ergeben sich aber direkt aus den Erfahrungen mit Modellen in der Physik. Zum einen sollte das Modell möglichst wenig Elemente haben, die willkürlich oder veränderbar sind. Diese Vorgabe verhindert vor allem, dass man sich das eigene Modell mit irgendwelchen Ausnahmeregeln zurechtbiegt, um es irgendwie noch passend zu machen, obwohl es eigentlich verworfen werden sollte. Die letzte Eigenschaft, die aber bei Hawking als Erstes genannt wird, ist, dass das Modell elegant sein soll. Man hätte sie mit dem vorherigen Punkt zusammenlegen können, denn auch dabei geht es darum, dass man dem Modell keine unnötigen Verwinkelungen und Umwege eingibt, um es irgendwie zum Funktionieren zu bringen. Vor allem in der Physik hat sich immer wieder gezeigt, dass die eleganteren Modelle besonders gut zutreffen – obwohl der österreichische Physiker Ludwig Boltzmann gesagt haben soll, man solle Eleganz lieber den Schustern und Schneidern überlassen.

So weit klingt der modellabhängige Realismus, wie er hier eingefordert wird, vielleicht noch nicht revolutionär. Aber nun kommt der Knackpunkt: Wie aus dem Begriff bereits herauszulesen ist, geht es nicht darum, ob ein Modell »recht hat« oder »wahr ist« oder »der Realität entspricht«. Solange es den genannten Vorgaben entspricht, also solange es das Beobachtete gut erklären kann, wird das Modell als akkurate Darstellung der Wirklichkeit akzeptiert. Es ist dann gleichwertig »real«.

Für mich als Neuropsychologen ist so eine Aussage Balsam für die Seele, denn auch unser Gehirn baut sich Modelle der Umgebung, die dann als Grundlage unserer Wahrnehmung dienen.

Wenn zwei Menschen dieselbe Szene beobachten, sagen wir, einen Raubüberfall, dann nehmen ihre Sinne zwar nahezu identische Informationen auf, aber das, was sie sehen, hören, riechen, wird zunächst von ihren Gehirnen interpretiert, bevor es bewusst wahrgenommen und verarbeitet werden kann. Und aus den Gründen, die im ersten Teil dieses Buchs beschrieben wurden, muss dabei nicht das Gleiche herauskommen. Vermutlich würden sich die Berichte beider Personen über den Vorfall zumindest leicht unterscheiden, wenn nicht sogar massiv. Allerdings würden wir klassischerweise davon ausgehen, dass es dennoch eine objektive Realität gibt, die von diesen Beobachter:innen einfach unvollständig oder verzerrt aufgenommen wurde. Der modellabhängige Realismus verabschiedet sich von dieser Idee und umgeht damit das Problem, dass sich das Konzept einer »objektiven Realität« nicht immer gut mit den Messungen und Ideen aus der Quantenmechanik vereinbaren lässt.

Leider können wir Professor Hawking nicht mehr fragen, ob er die Aussage »Fakten sind auch nur Meinungen« so unterschrieben hätte (aber vermutlich nicht). Denn machen wir uns nichts vor, es gibt in unserer Welt durchaus festgelegte, meinungsunabhängige Fakten. Der modellabhängige Realismus bietet keine Hintertür, um alles, was uns in der Welt nicht passt, als Ansichtssache abzutun. Darum geht es nicht, denn die alternativen Modelle müssen nach wie vor alle verfügbaren Daten erklären. Und es geht auch nicht darum, nachgewiesene Tatsachen aus ideologischen Gründen abzulehnen (»Fake News«), denn das Modell muss sich ja umgekehrt daran anpassen.

Das Konzept des modellabhängigen Realismus gibt uns aber eines mit: die Erkenntnis, dass wir nicht über Realität sprechen können, ohne über Modelle zu sprechen. Es erinnert an ein Zitat, das dem Physiker Niels Bohr zugeschrieben wird: »Es ist falsch zu denken, dass es die Aufgabe der Physik sei, herauszufinden, wie die Natur *ist.* Physik beschäftigt sich damit, was wir über die Natur *sagen* können.« Darin werden sich die Forschenden in der Physik und der Psychologie definitiv einig sein. In seiner extremsten Form sagt Hawking von diesem Konzept: »Es gibt keine modellunabhängige Prüfung der Wirklichkeit.« Für den Zweck dieses Buchs nennen wir das unser *Problem 12*: Wir können nicht ganz ohne Erwartung beobachten.

Es ist aus meiner Sicht kein Zufall, dass Stephen Hawking diese Ideen gegen Ende seines beeindruckenden Lebens postuliert hat. Der modellabhängige Realismus klingt für mich wie der Versuch eines möglichst faktenbasierten Kompromisses. Man darf aber auch nicht vergessen, dass für ein gutes Modell hohe Standards gesetzt sind. Denken wir zurück an Sherlock Holmes' acht Ideen darüber, was beim vorliegenden Kriminalfall passiert sein könnte. Nehmen wir an, nach dem Kampf der Hypothesen bleiben noch zwei Ideen übrig. Beide erklären alle vorliegenden Daten gleich gut. Beide sind gleich elegant. Aus beiden lassen sich prüfbare Annahmen ableiten, deren Prüfung sich in allen Fällen in das bestehende Modell einfügt. Erst dann würde man sagen, dass beide einen gleichwertigen Realitätsgrad haben.

Wenn man an dem Punkt angekommen ist, wo alle prüfbaren Fakten gecheckt wurden und ein starkes Modell besteht, das auf die Möglichkeit weiterer spannender Hypothesen hinweist, dann ist die eigentliche Aufgabe der naturwissenschaftlichen Arbeit geschafft. Wir haben beobachtet, gemessen, getestet und interpretiert. Es bleibt nur noch eine weitere Aufgabe; aber die hat es leider ebenfalls in sich.

Weitererzählen

»Deswegen haben wir zwei Ohren und einen Mund, damit wir mehr hören und weniger reden.«
Zenon von Kition, zitiert nach Diogenes Laertius

Problem 13. Der kleine Lastwagen, oder: Wir verstehen einander nicht

Die Tatsache, dass wir uns alle unser eigenes, persönliches Modell der Wirklichkeit aufbauen, anhand dessen wir die Welt verstehen, zeigt sich nirgends deutlicher als bei dem Problem der zwischenmenschlichen Kommunikation. Ich saß einmal mit Freddy im Zug nach Frankfurt. Auf der Strecke, irgendwo im Nirgendwo, schaute Freddy vom Handy hoch und fragte mich: »Wo sind wir gerade?« Da ich mir einen Gag erlauben wollte und da ich die richtige Antwort in dem Moment ohnehin nicht kannte, sagte ich: »In einem Zug.« Natürlich war das keine hilfreiche Antwort, genauso wie »Auf dem Planeten Erde« keine hilfreiche Antwort gewesen wäre. Aber ganz streng genommen war die Frage auch nicht spezifisch genug gestellt. Er hätte so etwas fragen müssen wie »In der Nähe welcher Ortschaft befinden wir uns gerade?« oder auch »Auf welchem Streckenabschnitt«, je nachdem, was ihn genau interessiert. Selbstverständlich ist das nicht die Art, wie wir normalerweise miteinander sprechen. Unsere Kommunikation ist oft unspezifischer, als wir das auf dem Schirm haben, und liefert daher sehr häufig Raum für Interpretation.

Um Freddys Frage sinnvoll beantworten zu können, muss ich eine Annahme über sein eigenes Modell der Situation machen. Ich kann ziemlich sicher davon ausgehen, dass er weiß, auf welchem Planeten und in was für einem Transportmittel wir uns befinden; also wird es sich bei seiner Frage um etwas anderes drehen. In diesem Moment greife ich aber unweigerlich auf meine eigene Perspektive zurück: Was würde *mich* dazu bringen, diese Frage zu stellen, und inwiefern unterscheidet sich meine Informationslage von der meines Gegenübers?

Ein anderes Beispiel: Ich sitze mit Freund:innen bei Kaffee und Kuchen um den Tisch, und ich war der, der den Kuchen mitgebracht hat (allerdings nicht selbst gemacht, sondern beim Bäcker gekauft. Verurteilt mich bitte nicht, es schmeckt definitiv besser auf diese Art). Eine Freundin schaut mich an und sagt: »Der Kuchen ist lecker.« Ich sage »Das freut mich« und will mit der Konversation fortfahren. Daraufhin sagt sie: »Nein, ehrlich. Der Kuchen war wirklich sehr, *sehr* lecker.« In diesem Moment bin ich etwas verwirrt. Was brachte sie dazu, das so zu betonen? Mir bleibt nichts übrig, als mich in diese Situation hineinzuversetzen. Was würde ich selbst mit dieser Aussage bezwecken wollen? Dabei merke ich: Sie hätte einfach gern noch ein Stück und will nicht zu gierig wirken. Also biete ich ihr ein weiteres Stück an, und sie akzeptiert dankend.

Wir geben also nicht immer alle Informationen preis, wenn wir mit jemandem sprechen. Entweder verkürzen wir die Sachlage, sodass Lücken entstehen (wie bei Freddy im Zug), oder wir wollen etwas anderes oder Zusätzliches vermitteln, das auf dem Weg zum Empfänger verloren gehen kann (wie beim Kuchen). In beiden Fällen haben wir keine andere Möglichkeit, als über die innere Welt unseres Gegenübers nachzudenken. Und obwohl ich in beiden Beispielen der Zuhörer beziehungsweise der Empfänger war, ist es beim Senden von Nachrichten nicht anders: Um mich verständlich auszudrücken, muss ich zunächst wissen, was auf der Empfängerseite verstanden wird. Und zwar sowohl in Bezug auf die Sprache an sich wie auch bezüglich des Vorwissens über das Thema.

Das Problem dabei ist, dass es uns manchmal schwerfällt, die Perspektive der Gegenseite einzunehmen, und dass es immer eine geistige Leistung erfordert. Ich saß einmal beim Friseur, und er fragte ohne weiteren Zusammenhang: »Was ist denn eigentlich mit Angela?« Also erzählte ich von unserer gemeinsamen Bekannten Angela, deren Büro nur wenige Häuserblocks entfernt war. »Der geht's prima«, sagte ich, »das zweite Kind ist da und alle sind gesund und munter.« Daraufhin ein verwirrter Blick des Friseurs, denn Angela war gar keine gemeinsame Bekannte von uns, sondern das war nur meine Annahme durch die räumliche Nähe. Er kannte sie gar nicht und wollte eigentlich über Politik sprechen, und die Bundeskanzlerin hieß damals nun mal Angela. (Es kam noch dazu, dass er die Aussprache ›Anschela‹ verwendete, die ich nicht mit der Kanzlerin in Verbindung brachte, mit meiner Bekannten aber schon.)

Unbewusst wägte mein Gehirn Wahrscheinlichkeiten ab und kam einfach zu einem falschen Ergebnis. Und das passiert die ganze Zeit. Wenn uns jemand fragt »Wie geht's dir?«, dann machen wir Annahmen darüber, welcher Zeitrahmen und welche Erlebensebene dabei gemeint sind. Zu den Abwägungen gehören solche Dinge wie, ob wir kürzlich krank waren, ob heute ein besonderer Tag ist, wie lange wir die fragende Person schon nicht mehr gesehen haben und so weiter. So betrachtet, ist es eigentlich ein Wunder, dass man einander versteht, ohne ständig noch mal nachfragen zu müssen. Es ist damit unser *Problem 13*: Wir verstehen einander nicht.

Aufgrund dieser Komplikation fällt Kindern diese Art der Kommunikation noch sehr schwer. Bittet man ein kleines Kind, vom gerade erlebten Puppentheater zu berichten, wird oft das Highlight der Story ohne jeden Kontext berichtet: »Es war toll, der Bürgermeister hat geholfen, den Schatz zu finden!« Woher soll das Kind auch wissen, welche Vorkenntnisse es beim Gegenüber voraussetzen kann? Vielleicht hat es schon gelernt, dass der Prinz meistens eine positive Figur ist, der Drache meistens eine negative, und dass Piraten beides sein können. Vielleicht hat das Kind über Interaktionen mit Erwachsenen auch wahrgenommen, dass diese Einteilungen als allgemein bekannt vorausgesetzt werden können. Daher ist es zumindest nicht unplausibel, dass der Bürgermeister eine üblicherweise negative Figur ist und der Twist in der Handlung daher vom erwachsenen Gegenüber verstanden wird.

Kleine Kinder werden für solches Verhalten manchmal für Mini-Egoist:innen gehalten, denen die Perspektiven und Bedürfnisse anderer egal sind, bis sie irgendwann Empathie lernen. Aber das widerspricht aus meiner Sicht dem, wie viel Liebe und Mitgefühl bereits die Kleinsten im Alltag zeigen können. Es scheint eher so zu sein, dass so eine Perspektivenübernahme in der einzelnen Situation aufwendiger ist, als man denkt, und daher erst einmal vollständig gelernt werden muss.

So stellt sich das auch in entsprechenden Studien dar. Zum Beispiel hat man Kinder an einen Tisch gesetzt, auf dem sich mehrere Gegenstände befanden, darunter Spielzeug-Lastwagen in unterschiedlichen Größen. Gegenüber sitzt eine erwachsene Person, die Anweisungen gibt. Eine lautet: »Bewege den kleinen Lastwagen.« Der Trick dabei ist, dass sich der kleinste Lastwagen vor einem Holzstück befindet. Aus der Perspektive des Kindes ist klar erkennbar, dass die oder der Erwachsene diesen kleinsten Lastwagen nicht sehen kann. Nach welchem das Kind greift, hängt daher davon ab, ob es die Perspektive der anderen Person berücksichtigt oder nicht. Wie erwartet, kam es dabei immer wieder vor, dass nach dem (für die Erwachsenen versteckten) kleinsten Lastwagen gegriffen wurde, was für den Zweck des Versuchs als Fehler gewertet wurde. Diese Fehler fanden umso häufiger statt, je jünger das Kind war, im Schnitt etwa in der Hälfte der Fälle.

Das war aber noch nicht alles: Man hat denselben Versuch mit erwachsenen Versuchspersonen durchgeführt und dabei zudem ihre Blickrichtung beobachtet. Die zu klärende Frage war: Gibt es Hinweise darauf, dass man auch als erwachsener Mensch zunächst die eigene Perspektive verarbeitet und erst dann die des Gegenübers einnimmt? Die Ergebnisse lassen genau darauf schließen. Erwachsene sind zwar schneller als Kinder und machen weniger Fehler, aber auch bei ihnen zeigt sich eine erkennbar längere Reaktionszeit beim versteckten Lastwagen. Wenn sie zuerst auf den falschen Lastwagen schauten, waren sie in etwa der Hälfte der Fälle in der Lage, sich zu korrigieren; bei den Kindern fand dies nur in etwa einem Fünftel der Fälle statt.

Reaktionszeiten und Blickrichtungen allein sind aber noch nicht überzeugend. Wenn es wirklich so ist, dass die korrekte Erfüllung der Aufgabe mit mentaler Anstrengung zu tun hat, dann sollte sich das auch anders nachweisen lassen, zum Beispiel indem man die Leute während der Aufgabe so ablenkt, dass sie diese Anstrengung nicht mehr aufwenden können. Und das hat sich auch gezeigt, als man sie bat, gleichzeitig kürzere oder längere Zahlenreihen im Gedächtnis zu behalten.

In einem ganz ähnlichen Versuch wurde getestet, inwiefern man sich im Gespräch auf einen bestimmten Begriff einigt, ohne das explizit anzusprechen. Bei der Aufgabe, mit unterschiedlichen Gegenständen zu hantieren, wurde ein Objekt erst als »glänzender Zylinder« bezeichnet, später als »silberne Röhre«. Das hat zu einer Verwirrung geführt, die man anhand verzögerter Reaktionszeiten nachweisen konnte. Diese Verzögerung trat aber nur auf, wenn der Begriffswechsel ohne Grund stattfand. Denn in einem anderen Fall war es so, dass die erste Person zwischendurch ging und durch eine andere ersetzt wurde, und dass die eine Person das Objekt »glänzender Zylinder« nannte und die andere »silberne Röhre«. War das der Fall, also waren die Personen jeweils konsistent in ihrer Verwendung des Begriffs, dann kam es nicht zur selben Verwirrung, obwohl es nach wie vor so war, dass die Versuchsperson mit unterschiedlichen Begriffen konfrontiert wurde. Das legt nahe, dass man abspeichert, wer welches Objekt wie nennt, und ab dann davon ausgeht, dass diese Bezeichnung nicht ohne Rechtfertigung geändert wird. Auch hier geht es also wieder darum, dass man sich in das

Gegenüber hineinversetzt: Warum wird eine andere Bezeichnung verwendet, und unter welchen Umständen würde ich selbst die Bezeichnung wechseln?

Mit den meisten dieser Dinge bin ich im Alltag genauso überfordert wie alle anderen Menschen, da hilft das Psychologiestudium nicht wirklich. Ich flüchte mich auch häufiger in das Generalsubstantiv »Dings« und hoffe einfach, dass ich verstanden werde. Aber es gibt eine Sache, die ich tatsächlich aufgegriffen habe und konsequent anzuwenden versuche: Wenn ein bestimmter Begriff ins Gespräch eingebracht wird, dann ändere ich den nicht mehr eigenmächtig. Ein Beispiel: Wenn mir jemand sagt, er oder sie hätte einen »Bammel vor Hunden«, dann ist das zunächst keine Hundeangst und keine Hundephobie und auch keine Hunde-Nervosität, sondern es ist genau das, was gesagt wurde: ein Bammel. Inwieweit dieser doch recht schwammige Begriff auf das eine oder andere zutrifft, also ob es eine ausgewachsene Angst ist oder oder nur ein leichtes Unbehagen in der Nähe von Hunden, das kann ich noch nicht beurteilen, da ich der Person nicht in den Kopf schauen kann. Es empfiehlt sich daher aus meiner Sicht immer, den Begriff des Gegenübers weiter zu verwenden, bis sich beide Seiten darüber einig sind, was genau er ausdrücken soll.

Wie man es auch dreht und wendet und egal, welche Strategien man im Alltag anwenden mag, eines ist sicher: Unsere Sprache ist schwammig, und was wir sagen, ist von unserer inneren Erlebenswelt geprägt. Sowohl das verständliche Sprechen wie auch das akkurate Zuhören verlangen daher, mentale Ressourcen dafür aufzuwenden, die Perspektive des Gegenübers einzunehmen. Findet das nicht statt oder läuft es schief, zum Beispiel, weil wir bereits anderweitig beschäftigt sind, kann das Verständnis beeinträchtigt werden. Oft richtet das nicht mehr an als eine leicht verlängerte Reaktionszeit oder eine Nachfrage. Daher haben wir im Alltag auch selten Grund, unsere Sprechweise so zu präzisieren, dass wirklich alles mühelos begriffen werden kann.

Allerdings führt dieses Prinzip dann zum Problem, wenn es um faktische Details geht. In der Naturwissenschaft wird das dadurch gelöst, dass Begrifflichkeiten und Formulierungen möglichst spezifisch gewählt werden, sodass es im Idealfall nicht den geringsten Spielraum für Unschärfen oder Verwirrungen gibt. Um naturwissenschaftliche Fakten richtig bewerten zu können, müssen wir uns das noch etwas genauer anschauen.

Problem 14. Von Mäusen und Menschen, oder: Wir wissen nicht, wie man Studien liest

Die meisten bisher beschriebenen Probleme haben ihren Ursprung in der menschlichen Psychologie oder in den Grundsätzen des wissenschaftlichen Arbeitens. Das, was wir jetzt besprechen: *Problem 14*, »wir wissen nicht, wie man Studien liest«, gehört in eine andere Kategorie. Der Grund dafür ist ganz simpel, dass es uns nicht beigebracht wird, außer im Kontext einer naturwissenschaftlichen Ausbildung. Einerseits ist das okay, denn akademische Paper sind für die Fachwelt gedacht. Es bringt uns ja auch niemand bei, wie man Blaupausen von Gebäuden liest oder Notenblätter für Symphonien, außer wir lernen oder studieren etwas, wofür das relevant ist. Aber wir leben nun mal in einer Welt, in der das Unterscheiden zwischen Fakten und Meinungen eine erhöhte Relevanz hat. Wenn es euch so geht wie mir, dann seid ihr damit einverstanden, die Blaupausen und Notenblätter anderen zu überlassen, aber ihr wollt vielleicht trotzdem hin und wieder in eine Originalpublikation schauen, um nachzulesen, ob das wirklich alles so stimmt, wie es das Internet sagt. Und wenn wir wollen, dass die Wände des Elfenbeinturms ein klein wenig poröser werden, dann ist es sicher kein schlechter Schritt, akademische Publikationen so lesbar wie möglich zu halten.

Aufseiten der Wissenschaft sollte also alles für die Lesbarkeit getan werden. Gleichzeitig bekommen Leute ohne wissenschaftliche Ausbildung nicht die notwendigen Werkzeuge an die Hand, um sich in der Welt der akademischen Publikationen orientieren zu können. Daher soll der folgende Abschnitt euch alles bereitstellen, was ihr braucht, um Forschungsberichte zumindest ganz grundlegend auf ihre Vertrauenswürdigkeit abklopfen zu können. Gehen wir die Sache einfach von vorn bis hinten durch:

Extrem vereinfacht gesagt, folgt der Aufbau eines akademischen Papers dem dieses Buchs mit seinen Beobachtungen, Hypothesen und Interpretationen. Aber zunächst beginnt so ein Paper mit dem *Abstract*, einer Kurzzusammenfassung des gesamten Artikels. Da ein Forschungsbericht kein Abenteuerroman ist, werden eventuelle Twists hier direkt verraten, und zwar ohne Spoiler-Warnung. Kam das erwartete Ergebnis dabei raus, und wenn nein, warum nicht? Das erfährt man bei einem guten Paper schon im Abstract. Im Idealfall erfährt man das Ergebnis sogar direkt im Titel: Ein gut formulierter Titel besteht einfach aus dem Kernergebnis, damit man gleich erkennen kann, ob das Paper für die eigene Arbeit relevant ist. (Ich gebe an dieser Stelle mit Scham zu, dass ich mir über große Strecken meiner Forscherlaufbahn nicht darüber im Klaren war und die meisten meiner Paper daher unheimlich nichtssagende Titel haben.)

Der nächste Teil ist die *Einführung*. Die dient dazu, zu erfahren, *warum* die Studie überhaupt durchgeführt wurde. Dazu nennt sie den bisherigen Konsens im entsprechenden Forschungsfeld und endet bei einem guten Paper mit einer Darlegung der Hypothesen, die in der beschriebenen Studie getestet werden sollten. Möglicherweise klingt dieser Teil im ersten Moment nicht sehr relevant: Wenn die Studie korrekt durchgeführt wurde und ein klares Ergebnis hat, warum sollte mich dann das Warum dahinter interessieren?

Für das, was wir gerade besprechen wollen, ist die Einführung allerdings elementar wichtig: Es geht ja darum, wie man die Vertrauenswürdigkeit eines Papers bewerten kann, und dazu gehört nun mal der Kontext der Studie. Eine starke Hypothese ergibt sich aus dem, was vorher bereits bekannt war, also aus früheren Beobachtungen oder Experimenten. Der schönste Fall, den wir in dieser Hinsicht bislang besprochen haben, war die Schiffsreise zur Sonnenfinsternis. Der negativste Fall, wenn man so will, war der Stein vom Mars, denn der bestach gerade dadurch, dass es *keinen* ordentlichen Kontext gab. Die Faustregel für die Bewertung der Einführung lautet: Es ist die Studie vertrauenswürdiger, deren Annahmen sich klar aus der vorherigen Forschung ergeben.

Der nächste Teil ist mein Lieblingsteil: die *Methoden*. Für Wissenschaftler:innen ist das der Kernpunkt des Papers. Welche Methoden wurden angewendet, um die Studie durchzuführen und das Ergebnis zu berechnen, und warum wurden genau diese dafür gewählt? Beschrieben werden sowohl der Versuchsaufbau wie auch die statistischen Methoden, die verwendet wurden, um das Ergebnis zu finden und zu beschreiben. Bei Versuchen mit Menschen legt man hier dar, warum man gerade sie ausgewählt hat und nicht andere, und gibt alle ihre Eigenschaften an, die irgendwie Einfluss auf das Ergebnis haben könnten. Das sind üblicherweise mindestens Alter und Geschlecht, aber durchaus auch mal Dinge, die man als Laie nicht unbedingt erwarten würde. In meinem eigenen Bereich der funktionellen Kernspintomografie wird gern auch die Zahl der Linkshänder:innen angegeben, da bestimmte Bereiche des Gehirns, die zum Beispiel für Sprache zuständig sind, je nach Händigkeit anders organisiert sind.

Ein sehr wichtiger Punkt dabei ist die Zahl der Versuchspersonen. Auch die wird im Methodenteil erwähnt (sowie üblicherweise auch im Abstract). Als Faustregel kann man sagen: Je mehr Menschen teilgenommen haben, desto vertrauenswürdiger ist die Studie. Aber die Grenzen werden schnell klar, wenn man näher darüber nachdenkt. Zum einen gibt es extrem wichtige Studien, die nur eine kleine Zahl von Teilnehmenden haben können, bei einer neu entdeckten Krankheit etwa. Zum anderen kommt es viel eher darauf an, ob die Stichprobe, die man untersucht, auch wirklich repräsentativ ist für die Gruppe, über die man eine Aussage machen will. Ich hatte früher bereits gesagt, ein guter Weg zu einer repräsentativen Stichprobe ist es, eine möglichst große Zahl von Menschen zufällig auszuwählen. Das stimmt, solange man mit der Forschung etwas über die Gesamtbevölkerung aussagen will, und das ist ja meistens auch der Fall. Aber wie viele Leute in der Gruppe sein sollten, hängt erstaunlicherweise nicht davon ab, wie viele Menschen es in der Bevölkerung insgesamt gibt, sondern davon, was man untersucht.

Ich mache das an einem Beispiel fest: Man stelle sich vor, der Untersuchungsgegenstand sei die Frage, wie viele Leute Haare auf dem Kopf haben, einfach nur als Ja-Nein-Frage. Man schaut sich vielleicht hundert Leute an, vielleicht zweihundert. Irgendwann merkt man: Es gibt einen kleinen Prozentsatz von Leuten, um die zehn Prozent, die eine Glatze haben. Diese Zahl ändert sich dann nicht mehr groß, egal, wie viele Leute man noch prüft. Eine Studie dazu mit fünftausend Teilnehmenden wäre also nicht vertrauenswürdiger als eine mit zweihundert. Und es kommt noch härter: Dabei spielt es keine Rolle, ob es achtzig Millionen Leute in der Bevölkerung gibt oder zweihundert Milliarden. Nichts davon hat in diesem Fall einen Einfluss auf die Größe der benötigten Stichprobe. Stattdessen wird diese Größe dadurch vorgegeben, dass wir ein sehr simples Merkmal untersuchen (Ja/Nein), das in einem recht deutlichen Ausmaß in der Bevölkerung vorhanden ist; alle kennen jemanden mit Glatze. Für die Prüfung der Vertrauenswürdigkeit von Studien ergibt sich daraus die folgende Strategie: 1) Nachschauen, ob die Stichprobe irgendwie künstlich begrenzt ist, also ob zum Beispiel nur Männer oder nur Studierende genommen wurden, obwohl eine Aussage über alle gemacht werden soll. 2) Nachschauen, ob die Stichprobe im Vergleich zum Merkmal ausreichend groß ist. Also es sollten dann mehr sein, wenn es um etwas

Komplizierteres geht und/oder wenn nur wenige davon betroffen sind.*

Eine letzte Sache zur Stichprobe, die selbstverständlich sein sollte, aber zumindest in den Medien schockierend häufig falsch gemacht wird: Eine Studie, die etwas *über Menschen* aussagen will, sollte aller Möglichkeit nach auch *beim Menschen* durchgeführt werden. Klingt eigentlich ganz einleuchtend, oder? Trotzdem werden immer wieder Ergebnisse, die an Mäusen oder Ratten durchgeführt wurden, so berichtet, als würden sie auch auf das lesende (menschliche) Publikum zutreffen. Wenn ihr zum Beispiel schon mal gehört habt, dass das Süßungsmittel Aspartam in hohen Dosen krebserregend sein kann, dann kam diese Annahme ziemlich wahrscheinlich aus Tierstudien – bei gesunden Menschen ist der aktuelle Stand nach wie vor, dass es keinen Hinweis auf dieses Problem gibt. Bei der Untersuchung von Medikamenten und Behandlungen zeigt sich etwas Ähnliches: Eine Studie hat aufgezeigt, dass sich von den bekanntesten Medikamenten, die bei Tieren effektiv sind, nur etwa ein gutes Drittel auf den Menschen übertragen lässt. Ein Krebsforscher fasste es einmal recht zynisch so zusammen: »Wenn du Krebs hast und du bist 'ne Maus, dann können wir uns gut um dich kümmern.« Ich will damit nicht die Nützlichkeit von Tierversuchen bashen, denn das ist insgesamt ein viel größeres Thema. Aber was die Verlässlichkeit von Studienergebnissen angeht, wäre es unverantwortlich, Ergebnisse aus Tierversuchen so zu berichten, als würden sie automatisch auf die gleiche Art auch beim Menschen zutreffen.

Damit genug zum Thema Stichprobe. Insgesamt soll der Detailgrad des Methodenteils so hoch sein, dass jemand anderes dieselbe

* Übrigens wollte ich für diesen Absatz herausfinden, wie viele Leute denn tatsächlich eine Glatze haben. Im Internet gab es eine erfrischend spezifische Antwort auf die Frage »Wie viele Menschen mit Glatze leben auf der Welt«, und zwar: Alle bis auf zwei, denn der NASA-Astronaut Scott Tingle und der russische Kosmonaut Oleg Artemjew haben eine Glatze und lebten zum Zeitpunkt der Fragestellung auf der Internationalen Raumstation.

Studie genauso durchführen könnte, also die Replikation möglich ist. Um das zu erreichen, werden häufig für Laien undurchschaubare technische Abkürzungen benutzt, schließlich geht es darum, auf möglichst wenig Platz etwas möglichst genau zu beschreiben, und das lernt man im Rahmen einer kompletten wissenschaftlichen Ausbildung. Oder, noch schlimmer, man bezieht sich anstelle einer detaillierten Beschreibung einfach auf vorhergegangene Paper, die dann auch erst gelesen werden müssen. Kurz gesagt ist das der Teil, für den die meiste Expertise benötigt wird. (Kleine Anmerkung: Es gibt derzeit einen merkwürdigen Trend, die Methoden ganz ans Ende des Papers zu setzen. In dem Fall wäre die hier beschriebene Reihenfolge falsch, aber alles Weitere trifft noch genauso zu.)

Dann erst kommt der Teil, von dem man immer am meisten hört: die *Ergebnisse*. Aus meiner Sicht ist es ein Zeichen eines gut geschriebenen Papers, wenn dieser Teil sehr kurz ausfällt. Denn wenn die Hypothesen und die Methoden glasklar beschrieben sind, kann man in diesem Teil einfach sagen: Ja, es hat sich gezeigt, oder nö, es kam nichts dabei rum. Um den Ergebnisteil möglichst schnell zu begreifen, fangt am besten bei den Schaubildern an. Deren Zweck ist häufig, das Kernergebnis möglichst gut begreifbar zu machen, und ihre Beschreibung sollte so ausführlich sein, dass man die Aussage des Schaubilds komplett verstehen kann, ohne den Rest des Ergebnisteils gelesen zu haben. Außerdem lassen sich in einem Schaubild häufig auch statistische Unsicherheiten erkennen, die man im Text unter den Tisch kehren kann; zum Beispiel, ob es statistische Ausreißer gab wie den Bundestrainer von weiter vorn.

Der letzte inhaltlich wichtige Teil ist die *Diskussion*. Hier werden die Ergebnisse beschrieben und in den richtigen Kontext gesetzt: Was haben sie zu bedeuten, was war überraschend, was sollte darauf aufbauend jetzt als nächstes untersucht werden? Für die Frage der Vertrauenswürdigkeit einer Studie ist vor allem ein Teil der Diskussion wichtig, und zwar die *Limitations*. Darin wird alles erwähnt, das bei der Studie schiefgelaufen ist, nicht beachtet wurde oder aus anderen Gründen die Aussagen des Papers abwerten könnte. Auch hier lehnt sich meine persönliche Faustregel gegen die Intuition auf, denn: Je länger die Limitations, desto eher kann das Paper ernst genommen werden. Denn das bedeutet, dass die Autor:innen mit ihrer Studie ernsthaft ins Gericht gehen und vielleicht sogar auch schon Gegenargumente haben, die sie beschreiben können; also wie sie versucht haben, die Auswirkungen der Probleme in den Griff zu bekommen. Im Umkehrschluss gilt: Ein Paper ganz ohne Limitations ist verdächtig. Denn das würde bedeuten, dass alle Methoden von vornherein perfekt geeignet waren, um zu untersuchen, was man herausfinden wollte, und dann auch noch alles ohne jedes kleinste Problem funktioniert hat. Das kann zwar theoretisch vorkommen, aber wahrscheinlicher ist es, dass jemand die Limitations einfach nicht ernst genug genommen hat.

Am Ende kommt häufig noch eine Zusammenfassung in Form der *Conclusions*. Manchmal ist das der einleuchtendste Teil des ganzen Papers, da er alles soeben Gelesene noch einmal gekonnt auf den Punkt bringt. Aber manchmal ist es auch nur eine Wiederholung des Abstracts, weil keiner wirklich wusste, was es darüber hinaus noch zu sagen gibt.

Zuletzt finden sich am Ende jedes Forschungsberichts die *Quellenangaben*, auch Literaturverzeichnis genannt. Inhaltlich sollen sie absolut alle Quellen abdecken, die in irgendeiner Form zum Paper beigetragen haben, egal ob als Inspiration, methodische Vorlage oder Kontextualisierung. Und das soll so ausführlich wie möglich geschehen, daher ist es nicht ungewöhnlich, dass zu einer einzelnen Behauptung oder einer einzigen methodischen Feinheit fünf bis zehn Quellenangaben genannt werden. Ihr erinnert euch an mein Kapitel, das ich zu dem Buch über Nekrophilie beigetragen habe? Dem Thema lag eigentlich gar keine Literatur zugrunde, weil es vorher nie beforscht worden war, aber selbst dieser Text hat über fünfzig Quellen am Ende angegeben. Eine lange Literaturliste ist aus meiner Sicht ein Zeichen von Sorgfalt und daher zunächst mal etwas, das Vertrauen weckt. Allerdings kann man die Literaturliste auch künstlich aufblasen, um sich wichtig zu machen. Aber solange man sich davon nicht aufs Glatteis führen lässt, stehe ich hinter meiner Faustregel.

Die Literaturangaben müssen auf eine Art beschrieben sein, dass man in der Lage ist, die Quellen auch zu finden. Wenn ihr ans Ende dieses Buchs schaut, seht ihr eine Liste, die ich so formatiert habe, wie ich es seit meiner Forschungszeit gewohnt bin. Sie sollte euch bei jeder Nennung ausreichend Informationen liefern, um die entsprechende Quelle schnell und einfach online zu finden. (Ob ihr diese Quelle dann auch öffnen und lesen könnt, ist eine andere Frage, dazu kommen wir sofort.)

Damit sind wir den Aufbau eines Papers einmal durchgegangen, und ihr wisst jetzt die wichtigsten Dinge, um die Vertrauenswürdigkeit von Artikeln zumindest ganz grob abzuklopfen.

Es gibt noch einen Punkt, der nichts mit dem Aufbau des Papers zu tun hat, euch aber einen guten Eindruck über die Verlässlichkeit des Papers geben kann. Eine grüne Flagge, sozusagen, als Gegenstück zu manchen der besprochenen roten Flaggen. Und das ist die *Präregistrierung*. Wenn eine Studie präregistriert war, wird sie das im Titel oder im Abstract erwähnen. Die Methoden der Studie wurden damit im Vorfeld bei einem Journal angemeldet und dort geprüft, bevor die entsprechende Untersuchung überhaupt stattgefunden hat. Die Forschenden binden sich damit freiwillig an ein spezifisches Vorgehen, von dem sie nicht ohne triftigen Grund abweichen dürfen. Im Gegenzug verpflichtet sich das Journal, das daraus entstehende Paper zu veröffentlichen, und zwar unabhängig davon, ob ein brauchbares Ergebnis dabei herauskommt. Das klingt von außen betrachtet vielleicht alles ein wenig merkwürdig, aber es macht sehr viel Sinn, da den Forschenden die Möglichkeit genommen wird, hinterher noch irgendetwas dazuzudichten oder zurechtzubiegen.

Ein Beispiel: Bei einer meiner eigenen Studien kam es zu einem überraschenden Nebenergebnis, also zu einem Effekt, der in den Daten steckte, nach dem ich aber gar nicht gesucht hatte. Wenn ich gewollt hätte (und sofern alle meine Kolleg:innen und Co-Autor:innen mitgemacht hätten), hätte ich im Nachhinein behaupten können, dieses Nebenergebnis sei eigentlich ein Hauptergebnis, denn ich hätte speziell danach gesucht. Das hätte das Paper aufregender gemacht. Diese Strategie birgt aber das Risiko, dass das Nebenergebnis falsch ist, da es nicht zu den Dingen gehörte, die in der Studie streng kontrolliert und beobachtet wurden. Selbstverständlich habe ich diesen Befund als das berichtet, was er war: ein interessantes Nebenergebnis, das am besten in zukünftiger Forschung noch einmal nachgeprüft werden sollte. Aber bei einer präregistrierten Studie müsst ihr euch eben nicht einfach auf die wissenschaftliche Integrität des Autors verlassen, da so ein Abweichen hier gar nicht möglich wäre. Von daher haben solche Studien euer Vertrauen mehr verdient als die nicht präregistrierten.

Verlasst euch nicht immer auf berichtete Fakten, sondern habt den Mut, euch selbst auf die Suche nach ihrem Ursprung zu machen. Allerdings gibt es unterwegs noch einen großen Stolperstein. Dieser Stolperstein ist riesig wie ein Elefant, denn wie bei dem Elefanten im Raum scheint niemand darüber sprechen zu wollen. Für das Vertrauen, das wir in die Wissenschaft haben können, ist dieser Punkt aber elementar wichtig. Also Ärmel hoch, schauen wir dem Dickhäuter zusammen genau in die Augen.

Problem 15. Pokémon mit Covid, oder: Wir fallen auf Fake-Studien rein

Zu Beginn dieses Buchs war ich auf das Konzept von Fake News in der Politik zu sprechen gekommen. Allerdings gibt es Fake News auch in der Wissenschaft, und zwar auf der Ebene von Fake-Papern, Fake-Fachzeitschriften und sogar ausgewachsenen Fake-Wissenschaftsverlagen. Und zu meinem großen Entsetzen scheint sich kein Mensch außerhalb des akademischen Betriebs darüber zu unterhalten. Dabei ist die Sachlage ernst: Seit wenigen Jahren gibt es eine Flut von Publikationen, die seriös wissenschaftlich aussehen, aber komplett ausgedacht sind oder zumindest komplett ungeprüft geschrieben und veröffentlicht wurden. Für Außenstehende sehen sie meistens echt aus, und momentan hat der Wissenschaftsbetrieb keine wirkliche Handhabe, sie zu stoppen.

Immerhin kann ich auf ein paar Warnzeichen hinweisen, die euch helfen, auf der Suche nach Fakten diese Fake Science zu umschiffen. Dazu müssen wir über einen unangenehmen Teil des wissenschaftlichen Publikationswesens reden. Ich verspreche euch: Wenn ihr diesen Abschnitt gelesen habt, wisst ihr mehr über die aktuellen Probleme des akademischen Publizierens als manche Professor:innen.

Bis vor wenigen Jahren war es so: Eine neue Studie wird bei einem wissenschaftlichen Journal eingereicht, das sich mit dem entsprechenden Zweig der Wissenschaft beschäftigt. Der Bereich, mit dem sich das Journal beschäftigt, kann breiter oder schmaler sein. Die am breitesten aufgestellten haben solch allgemeine Namen wie *Science* oder *Nature* oder auch mal *Cell* oder *Pain*. Die schmaler aufgestellten heißen zum Beispiel *International Journal of Lower Extremity Wounds*, also ein ganzes Journal nur über Verletzungen der unteren Extremitäten. Den Namen habe ich mir nicht ausgedacht, ganz im Gegenteil: Dort habe ich meine erste Arbeit veröffentlicht (über Phantomschmerzen in den Beinen). Fachverlage betreiben in aller Regel gleich mehrere Journals.

Die Aufgabe des Journals ist es dann, die Qualitätsprüfung der Einreichung zu organisieren, und das läuft normalerweise so ab: Ein *Editor* übernimmt die Verantwortung, das Manuskript zu checken, und sucht sich zwei oder drei *Reviewer* aus, denen die Einreichung zur genauen Prüfung zugeschickt wird. Die Reviewer sind Expert:innen auf dem entsprechenden Feld; sie geben ihre Bewertung üblicherweise anonym und unbezahlt ab, um möglichst unabhängig zu sein. Ebenso sind sie nicht Teil des Verlags, sodass alle Prozesse inhaltlicher Qualität im Wissenschaftsbetrieb stattfinden und nicht bei den Verlagen. Auf Basis der Reviews entscheidet der Editor, wie es mit dem Manuskript weitergeht. Es kann angenommen, abgelehnt oder zur Verbesserung zurückgeschickt werden. Wenn es Widersprüche zwischen den Reviews gibt oder wenn ein Reviewer ein unfaires Urteil abgibt, dann liegt es ebenfalls am Editor, das zu erkennen und aufzulösen.

(Ihr fragt euch vielleicht, warum ein Reviewer ein unfaires Urteil abgeben sollte. Ich sag's mal so: Manche Forschungsfelder sind klein genug, dass sich die Expert:innen gegenseitig kennen, und nicht immer mögen sich alle. Daher kann das *Peer Review*, wie dieser Prozess genannt wird, eine Gelegenheit sein, jemandem komplett anonym für einen Moment das Leben schwer zu machen. Es gibt aber Mittel, das zu unterbinden, zum Beispiel, dass man Autor:innen bittet, Konflikte mit anderen im Feld offenzulegen, oder dass unfaire Reviewer auf eine Art Blacklist gesetzt werden.)

In meiner eigenen Vorgeschichte als Forscher stand ich als Autor, Reviewer und Editor schon auf allen Verantwortungsebenen dieses Prozesses. Ich kann euch daher berichten, dass das Verfahren des Peer Review ganz ähnlich ist wie die Wissenschaft selbst: Es hat Schwächen, es ist häufig langsam und holprig, aber es führt in aller Regel zu einem produktiven Ergebnis. Vor allem aber ist das Peer Review trotz aller Schwächen die zuverlässigste Art der Bewertung wissenschaftlicher Aussagen, die wir haben.

Die Journals und ihre Verlage übernehmen also eine elementar wichtige Funktion in der Naturwissenschaft. Und dafür ließen sie sich üblicherweise von Universitäten und Institutionen bezahlen, in Form von Abonnements. Die Zeitschriften, die für eine Forschungsgruppe oder ein Institut relevant waren, wurden abonniert und den eigenen Forschenden und Studierenden zur Verfügung gestellt. Das funktionierte ganz gut, bis auf zwei große Probleme. Das eine ist die offensichtliche Monopolstellung der Verlage, die für ihre Abos im Grunde verlangen können, was sie wollen, da die Unis von ihnen abhängig sind. Und da die Verlage weder die Reviewer bezahlen noch die Forschung selbst finanzieren, haben sie Gewinnspannen, von denen andere Industrien nur träumen können. Das führte bereits zu eindrücklichen Protesten, zum Beispiel 2023, als alle Editors des Journals *Neuroimage* geschlossen zurückgetreten sind, um sich gegen das Profitmodell des Verlags zu stellen. Das schockierte mich persönlich auch deswegen, weil eine meiner liebsten eigenen Publikationen einige Jahre zuvor genau in dem Journal veröffentlicht worden war.

Das allein ist also bereits ein großes Thema, aber ich hatte von zwei Problemen gesprochen, und erst das zweite führt uns zur Fake Science: Wie bei allen anderen Zeitschriftenabos auch gab es eine große Umwälzung durch das Internet. Niemand wartet heute mehr auf die Papierversion eines neuen wissenschaftlichen Papers, da man es sich viel schneller einfach als PDF herunterladen kann. Gleichzeitig entstand dadurch die Hoffnung, die Wissenschaft demokratisieren zu können: Anstatt in Uni-Bibliotheken zu verstauben, könnten die PDFs weltweit allen frei zugänglich gemacht werden, die Zugriff aufs Internet haben. Die Open-Access-Bewegung war geboren, die sich dafür einsetzt, wissenschaftliche Ergebnisse wirklich für alle bereitzustellen. Ein starkes Argument dahinter ist, dass ein großer Teil der Forschung von öffentlichen Geldern finanziert wird und ihre Früchte daher auch der Öffentlichkeit direkt zur Verfügung gestellt werden sollten.

Diese Idee durchbricht natürlich das System der Abonnements, sodass die Frage entsteht, wer an welcher Stelle für die Publikationen bezahlt. Eine Idee wäre, die Artikel hinter eine Bezahlschranke zu stellen, wie es auch bei anderen Online-Zeitschriften häufig gemacht wird. Aber eine bessere, weil noch offenere Idee ist die der Publikationsgebühr. Bei ihr läuft es so ab, dass die Autor:innen der Studie in dem Moment eine Gebühr entrichten, in dem das Manuskript zur Veröffentlichung akzeptiert wird. Der daraus entstehende Artikel wird dann kostenlos auf der Website des Journals zur Verfügung gestellt. Ein schöner Punkt daran ist, dass diese Gebühren in die Betriebskosten des Labors mit eingerechnet werden können, wie andere laufende Kosten der Forschung auch. Auf diese Weise wird das System mithilfe des Internets simpler und gleichzeitig offener. Das Problem der Monopolstellung hat man allerdings immer noch, denn auch die Publikationsgebühr wird von den Verlagen festgelegt.

Wer das eben mit einem wirtschaftlich-kapitalistischen Mindset gelesen hat, entdeckt einen potenziellen Fallstrick. Um den zu verstehen, versetzt man sich am besten in die Position eines wissenschaftlichen Verlags. Im klassischen Modell werden mir als Verlag Manuskripte zur Verarbeitung geschickt. Diejenigen, die ich veröffentliche, gehen in einer Papierversion des Journals an die abonnierenden Institutionen. In dieser Situation erhalte ich für jede Ausgabe denselben Betrag von meinen Abonnent:innen, egal ob mal ein Paper mehr oder weniger abgedruckt wird. Ich habe also nichts davon, ein Manuskript mehr zu akzeptieren, eher im Gegenteil: Jede zusätzliche Seite verursacht Mehrkosten bei Druck und Papier. Diese Ausgangslage wird im neuen Modell komplett auf den Kopf gestellt: Ein zusätzliches PDF auf die Verlags-Website zu stellen, verursacht keine höheren Kosten, bringt aber neues Geld. Die ideale Strategie zur Gewinnmaximierung wäre daher, möglichst viele Manuskripte zu akzeptieren.

Um das zu erreichen, gibt es zwei offensichtliche Möglichkeiten: Die eine ist aggressives Marketing, um Forschende dazu zu bringen, eher bei mir zu publizieren als anderswo, und das wird zum Teil auch so betrieben. Die andere Möglichkeit ist das, was uns viel mehr Kopfzerbrechen bereiten sollte, als es momentan tut: Ich kann einfach auf das Peer Review pfeifen und auch schlechte Manuskripte veröffentlichen.

Für bereits etablierte Journals und Verlage ist das vielleicht keine sehr attraktive Möglichkeit, denn sie leben auch von dem Ruf, den sie sich über lange Zeit bei der Wissenschaftsgemeinde aufgebaut haben. Viele Reviewer sind über Jahre tätig und häufig auch immer wieder für dieselben Journale, und sie werden traditionell über den weiteren Verlauf der von ihnen reviewten Paper informiert. Sollten sie plötzlich merken, dass die Editors immer mehr Paper annehmen, die sie als schlecht bewertet haben, würde das auffallen.

Dieses Problem gibt es aber nicht, wenn man ein ganz neues Journal aufmacht oder sogar einen neuen Verlag gründet. Jemand mit hohem Dreistigkeitslevel kann einfach eine Website erstellen, die wie ein echter Verlag aussieht, und sich eigene Journals ausdenken. Natürlich wirkt es verdächtig, wenn so ein Verlag gar keine bestehende Historie hat, andererseits hat das Internet auch eigene legitime neue Open-Access-Journals hervorgebracht, sodass eine erst kurz zurückliegende Gründung noch kein klares Kriterium für unsauberes Arbeiten oder gar für Betrügereien ist. Ein starkes Kriterium hingegen ist das Editorial Board, also die Namen der Editors. Wie besprochen, nehmen sie eine wichtige Rolle beim Journal ein, also sollte es sich möglichst um Expert:innen auf dem jeweiligen Gebiet handeln. Nur ist es leider nicht ungewöhnlich, dass solche Fake Journals einfach behaupten, sie hätten führende Expert:innen in ihrem Editorial Board. Oder sie schreiben zahlreiche Akademiker:innen an und hoffen, dass sie sich von einem Sitz im Board geehrt fühlen und zustimmen, weil sie denken, es sei ein legitimes Journal. Das hat einen australischen Forscher mal dazu gebracht, seinen Hund Ollie als Editor bei Fake Journals anzumelden, was in mehreren Fällen auch funktioniert hat.

Wer es richtig anstellt, hat mit wenig Aufwand ein Fake Journal erstellt. Dann kann er oder sie Forschende anmailen, die in Open-Access-Journals veröffentlichen wollen, und sich ihre Manuskripte schicken lassen. Und das wird durchaus häufig gemacht – so häufig, dass sogar ich gerade beim Schreiben dieses Textes eine solche E-Mail bekommen habe, obwohl ich seit Jahren nicht mehr in der Forschung bin. Dann behauptet man, das eingeschickte Manuskript hätte ein Peer-Review-Verfahren durchlaufen, und stellt es auf der eigenen Website zur Verfügung. Für diese Mühen verlangt man von den Forschenden die übliche Gebühr, die bei den echten Journals im vierstelligen Euro-Bereich liegt. Für einen Fake-Verlag bedeutet das Tausende Euro Profit für jede einzelne Person, die auf den Trick reinfällt. Und es kommt noch schlimmer: Sollte jemand interessiert sein, eine schlecht gemachte oder gar komplett ausgedachte Studie am Peer Review vorbei zu veröffentlichen, dann hätte diese Person durch die Existenz der Fake Journals plötzlich eine wunderbare Möglichkeit dafür, die es bis vor Kurzem noch nicht gab.

Um es deutlich zu sagen: Es gibt weiterhin viele legitime Open-Access-Journals, die ein strenges Peer Review einhalten. Das Journal, bei dem ich während meiner Forscherzeit selbst Editor war, gehört auch dazu. Aber der Aufstieg der Open-Access-Journals hat gleichzeitig zu einer Situation geführt, die sich von Fake Journals ausnutzen lässt. Es gab mehrere Schutzwälle gegen sie, die alle mehr oder weniger versagt haben. Zunächst führte der Bibliothekar und Forscher Jeffrey Beall aus eigener Motivation eine Liste ein, um die Fake Journals bloßzustellen. Er prägte dabei auch den Begriff, unter dem diese Journals im englischsprachigen Raum bekannt sind: *predatory*, also quasi räuberische Zeitschriften und Verlage. Allerdings wurde diese Liste nach einigen Jahren stillgelegt, auch weil sich Verlage beschwert hatten, die sich dort zu Unrecht gelistet sahen.

Das Kernproblem dabei ist, dass oft nicht ganz klar ist, nach welchen Kriterien jemand auf die Liste gelangt. Zum Beispiel wirkt ein junger Verlag, der seine Open-Access-Journals aggressiv bewirbt, auf alle Fälle verdächtig. Aber wer sagt denn, dass sie es nicht ernst meinen und ein sauberes Peer Review betreiben? Ein Versuch, dieses Problem anzugehen, war eine neue Liste, die andere Kriterien verwendete und die Möglichkeit zur Revision vorsah. Aber auch bei dieser neuen Liste gibt es Vorwürfe der Unzuverlässigkeit und Unvollständigkeit. Kein Wunder, denn zu den Schwierigkeiten, seriöses Peer Review nachzuweisen, kommt hinzu, dass es für die Betrügerseite viel zu einfach ist, ihre gelistete Website kurzerhand stillzulegen und einen neuen Fake Verlag zu starten. Das zeigt sich bereits daran, dass die Liste von Beall bei ihrer Stilllegung über 1100 Verlage gelistet hatte. Eine Zeit lang gab es die Hoffnung, dass die Fake Journals es nicht schaffen würden, in den Verzeichnissen und Suchmaschinen gelistet zu werden, die Forschende meist verwenden, um Paper zu finden, aber auch dieser Schutzwall wurde bereits vor einiger Zeit durchbrochen.

Es gibt eigentlich nur eine Möglichkeit, eindeutig festzustellen, ob ein Journal Fake ist, und zwar mit einer sogenannten Sting-Operation. So nennt man es, wenn man dafür sorgt, dass Verbrecher ihre Tat in einer Situation begehen, die sich überwachen lässt. Ein Beispiel wären verdeckte Ermittler, die in Absprache mit der Polizei versuchen, illegale Waffen oder Drogen zu erwerben. In der Welt der Fake Journals bedeutet es, ein Manuskript einzureichen, das es nicht mal in tausend Jahren durch ein Peer Review schaffen würde, und zu schauen, ob es angenommen wird. Wenn ja, dann kann man absolut sicher davon ausgehen, dass sich das entsprechende Journal nicht an übliche wissenschaftliche Standards hält. Beispiele, in denen das so gemacht wurde, gibt es viele, mein persönlicher Favorit ist Elm et al. (2020) im *American Journal of Biomedical Science & Research* (was ja erst mal seriös klingt): Das Paper behandelt einen vermeintlichen Covid-Ausbruch in Cyllage City, der englische Name der Stadt Relievera City. Wer's nicht kennt: Das ist ein Ort aus einem Pokémon-Spiel. Nach Aussage der Autor:innen, bei deren Namen es sich zum Teil ebenfalls um Pokémon-Figuren handelt, ist der Ausbruch auf den Konsum der fledermausartigen Pokémons Zubat zurückzuführen. Für mich als Freund der Popkultur ist dabei auch das Literaturverzeichnis sehr schön, denn darin finden sich fiktive Publikationen von, unter anderem, Winnie the Pooh, Jules Winnfield und Vincent Vega, SpongeBob Schwammkopf, Pinky und the Brain und Doktor Schiwago.

Die gute Nachricht ist, dass die Forschungswelt trotz aller Hürden Fake Journals im Großen und Ganzen gut erkennt, daran ablesbar, dass die entsprechenden Paper nicht oft zitiert werden. Aber als Laie kann man sich nicht mehr hundertprozentig sicher sein, ob das Paper, das man vor sich hat, von der wissenschaftlichen Gemeinschaft auf die Art geprüft wurde, von der man bis vor Kurzem ausgehen konnte. Und wenn schon nicht so sehr in der Forschung, scheinen die Fake-Studien zumindest in sozialen Medien geteilt zu werden (was aus meiner Sicht aber noch nicht ausreichend untersucht wurde). Das ist daher unser *Problem 15*: Wir fallen auf Fake-Studien rein.

Das Einzige, was man von außerhalb der Wissenschaft derzeit dagegen tun kann, ist, ein paar Leitlinien im Kopf zu behalten. Solltet ihr auf eurer Suche nach Fakten auf ein Paper stoßen und unsicher sein, ob es Fake sein könnte, dann geht am besten folgendermaßen vor:

Behaltet im Kopf: Bei Weitem nicht alle Open-Access-Journals sind Fake, aber *alle Fake Journals sind Open Access*. Das bedeutet, wenn ihr euch bei einem akademischen Paper vor einer Bezahlschranke wiederfindet beziehungsweise zum Lesen ein Uni-Account vorausgesetzt wird, dann habt ihr zwar ein neues Problem, aber zumindest ist dadurch ausgeschlossen, dass es sich um eines der beschriebenen Fake Journals handelt.

Schaut nach, ob im Paper angegeben ist, wie lange das Peer Review gedauert hat. Häufig werden das Datum der Einreichung und das der Veröffentlichung angegeben. Das Peer Review muss dazwischen stattgefunden haben. Meistens dauert dieser Prozess mehrere Monate, aber auf jeden Fall mehrere Wochen. Liegen zwischen diesen Daten nur ein paar Tage, habt ihr es vermutlich mit einem Fake zu tun.

Schaut euch die Website des Journals und des Verlags an. Wenn ihr den Eindruck bekommt, dass sie schludrig zusammengestellt wurde, also zum Beispiel mit Schreibfehlern oder toten Links oder ohne gültige Firmenadresse, dann könnte es sich um ein Fake handeln.

Wenn ihr euch weiter unsicher seid, sucht online nach dem Namen des Journals oder des Verlags zusammen mit dem Wort *predatory*. Denn wenn euch etwas auffällt, dann ist es vermutlich schon mal jemandem in der Wissenschaftsgemeinschaft aufgefallen und es wurde daher möglicherweise bereits darüber diskutiert. Dadurch besteht die Chance, dass ihr auf einem Blog oder in sozialen Medien mehr darüber erfahren könnt.

Jetzt, wo ihr zumindest eine faire Chance habt, Fake-Wissenschaft zu entlarven, müssen wir noch einen subtileren Punkt ansprechen: die Rolle der KI dabei.

Wo kommt der Rattenpenis her? Über den Einsatz von KI.

Die aktuelle Generation künstlicher Intelligenz sollte ein gefundenes Fressen für die Forschung sein. Denn alle Programme, die sich unter diesem breiten Begriff verbergen, von ChatGPT bis hin zu Bildanalyse-Tools, tun eigentlich genau das, was die Wissenschaft tun soll: Sie analysieren Berge von Daten und versuchen, Muster darin zu erkennen. Daher werden KI-unterstützte Tools eingesetzt, um zum Beispiel die passendsten Reviewer zu finden oder nach statistischen Fehlern zu suchen. An anderer Stelle habe ich mich schon mal sehr für die Idee begeistert, die unzähligen Exemplare antiker

Keilschriften, die uns vorliegen, mittels KI auszulesen. Die Vorstellung, dass Geheimnisse der frühen Geschichte dadurch rascher entschlüsselt werden könnten, lässt mein Nerd-Herz höher schlagen. Man hat sogar schon versucht, mithilfe von KI Fake Journals zu erkennen, allerdings mit katastrophalem Ergebnis. Das Programm änderte alle paar Tage seine Meinung zu einzelnen Journals, ohne dabei einen Grund anzugeben, und sah auch zahlreiche Journals als Fake an, die ganz eindeutig legitim sind.

Solche Fehlschläge wären noch zu verkraften, damit kennt sich die Wissenschaft ja aus. Schwieriger wird es, wenn die KI für den Schreibprozess eingesetzt wird. Bereits wenige Monate nach der Veröffentlichung von ChatGPT wurde das Sprachprogramm bei mehreren wissenschaftlichen Papern als Co-Autor gelistet. Ob diese Art der Kreditierung überhaupt möglich ist, hängt allerdings von den Regularien des jeweiligen Journals ab. Die *Nature*-Journals, wie erwähnt eine der wichtigsten Institutionen im wissenschaftlichen Publikationsbetrieb, sprachen sich gegen ein Programm als Co-Autor aus, mit der Begründung, dass Autorschaft mit einer Verantwortung einhergeht, die nur ein Mensch tragen kann. Wenige Monate später verbot derselbe Verlag auch die Anwendung von KI für die Erstellung von Grafiken in ihren Papern. Die Begründung dafür sahen die Verantwortlichen in der mangelnden Transparenz: Bei einer wissenschaftlichen Publikation müsse man für jedes Element sagen können, warum es so ist, wie es ist, und die KI kann das üblicherweise nicht leisten.

Hätten sie damit bis Anfang 2024 gewartet, dann hätten sie noch einen weiteren Grund dazusetzen können: KI-generierte Bilder in Artikeln können bisweilen so falsch sein, dass man vor Scham im Boden versinken möchte. In einem inzwischen zurückgezogenen Paper wurde von den neuesten Erkenntnissen über Zellen in Rattenhoden berichtet. Eigentlich eine spannende Sache. Die Autoren gaben an, die Erstellung der zugehörigen Illustrationen dem KI-Progamm Midjourney überlassen zu haben. Und die Grafiken hatten es in sich. Die meisten sind einfach bunter Murks. Aber die eine, die die Online-Wissenschafts-Community direkt in Brand steckte, ist etwas ganz Besonderes. Darauf ist eine putzige Ratte zu sehen, deren Hoden und Penis lehrbuchartig beschrieben werden. Nur dass die Genitalien riesig sind, der Penis weit größer als die Ratte selbst, und es gibt mindestens doppelt so viele Hoden, wie da eigentlich sein sollten. Verschiedene Stellen sind mit Labels versehen, in denen kompletter Unsinn steht, wie »Testtomcels« oder »Dissilced«. Immerhin eines davon ist korrekt, wenn auch nur wenig hilfreich: »Ratte«.

Niemand braucht für die Entlarvung dieser Darstellung länger als zehn Sekunden. Wie kam sie also durchs Peer Review? Einer Website gelang es, einen der Reviewer ausfindig zu machen. Das war zufällig möglich, da das Paper in einem der wenigen Journals erschienen ist, die die Namen der Reviewer hinterher öffentlich machen. Der entsprechende Forscher sah sich aber nach eigener Aussage nicht in der Verantwortung, neben dem Text auch die Illustrationen zu prüfen, und verwies auf die Richtlinien des Journals, die diese Verantwortung bei den Autor:innen sehen.

Dieser Fall illustriert vor allem eines: Die Wissenschaftswelt ist auf die Möglichkeit des KI-Missbrauchs noch nicht vollständig eingerichtet. Gerade im Bereich der Fake Paper wird es durch KI-Tools viel schneller und einfacher, seitenweise überzeugend aussehenden Unsinn zu generieren. Die Entlarvung von Fakes wird dadurch in Zukunft vermutlich noch viel schwieriger – außer natürlich, man setzt dafür wiederum eine kompetente KI ein.

Wir sind fast am Ende. Aber mit dem letzten der sechzehn Probleme mache ich es noch einmal komplizierter, denn: Auch die Paper, die eindeutig *nicht* Fake sind, sind nicht alle gleichermaßen vertrauenswürdig.

Problem 16. Die Vertrauenspyramide, oder:
Wir halten alle für gleich glaubwürdig

Gut, dass wir jetzt nicht mehr so leicht auf Fake-Publikationen hereinfallen. Denn wer ernsthaft nach Fakten sucht, stößt meist sehr schnell auf akademische Veröffentlichungen, seien es Forschungsberichte, Fachbücher, Übersichtsarbeiten oder Expert:innenkommentare. Bei manchen kann man sich darauf verlassen, dass sie den derzeitigen wissenschaftlichen Konsens wiedergeben, bei anderen hingegen läuft man Gefahr, etwas als Tatsache aufzufassen, das vielleicht schon im nächsten Paper gleich wieder über den Haufen geworfen wird.

Und das kommt häufiger vor, als man denken mag. Viele Studien, die weder Fake sind noch anderweitig hinters Licht führen wollen, haben schlichtweg falsche Ergebnisse. Das ist einfach der Tatsache geschuldet, dass die Naturwissenschaft kompliziert ist. Manche Dinge sind schwierig zu ergründen oder vielleicht nur in einem bestimmten Zusammenhang gültig und nicht in anderen. In einem eindrücklichen Beispiel dafür, wie oft medizinische Studien etwas Falsches behaupten, sammelten Forscher einmal Studien über fünfzig der häufigsten Zutaten in Rezepten, also zum Beispiel Butter, Käse, Salz, Karotten, Zwiebeln und so weiter. Sie durchforsteten die relevanten Datenbanken der Wissenschaft, um für jede Zutat festzustellen, ob sie Krebs erzeugen oder vielleicht sogar davor schützen kann. Die überraschende Antwort: Die meisten Dinge, die wir essen, sind gleichzeitig gut und schlecht. Für jede klinische Studie, die eine der Zutaten als krebserregend einschätzt, scheint es eine andere zu geben, die das Gegenteil sagt. Klar, manchmal neigt die Evidenz in die eine oder die andere Richtung, aber insgesamt ist das Ergebnis durchaus ernüchternd.

Wenn uns jemand so eine Studie zeigen würde, hätten wir keinen Anhaltspunkt dafür, dass sie nicht vertrauenswürdig ist, und genau das ist unser *Problem 16*: Wir halten alle für gleich glaubwürdig. Abhilfe schafft da die sogenannte Hierarchie der Evidenz, besser zu merken als Vertrauenspyramide. Sie zeigt die Rangfolge der Vertrauenswürdigkeit naturwissenschaftlicher Veröffentlichungen an.

Im Internet findet man Versionen dieser Pyramide als Abbildung. Es gibt verschiedene Ansichten darüber, wie viele Schichten sie haben sollte. Der Einfachheit halber will ich sie in drei Schichten einteilen: Die untere sind *Paper ohne Daten*, in der Mitte kommen die *Studien*, und die Spitze nenne ich mal *Gefilterte Information*.

Ganz unten, bei der am wenigsten vertrauenswürdigen akademischen Information (Paper ohne Daten), finden wir den *Expert:innenkommentar*. Das mag gleich mal überraschen. Schließlich sind es Expert:innen, die müssten doch am allermeisten Ahnung davon haben, was stimmt und was nicht! Und vielleicht haben sie das auch. Bei solchen Publikationen handelt es sich dennoch um persönliche Meinungen. Und wie alle Meinungen können (und sollten) sie zwar auf Fakten aufbauen, aber es sind nun mal selbst keine nachweisbaren Fakten.

Ein Beispiel: Einer der zwei Autoren der »Alles verursacht und verhindert Krebs«-Studie veröffentlichte zu Beginn der Coronapandemie einen Blog-Eintrag über die Effektivität von Eindämmungsmaßnahmen. Darin fasste er zusammen, was damals über das neue Coronavirus bekannt war, und beschwerte sich – vollkommen zu Recht – über die Situation, dass potenziell drastische Maßnahmen aufgrund einer unzureichenden Datenlage getroffen werden mussten. Seine Meinung dazu basierte allerdings auf Annahmen, von denen wir inzwischen wissen, wie dramatisch falsch sie waren. Er implizierte, damals befürchtete Zahlen von Todesfällen, die letztlich weit überschritten wurden, seien möglicherweise nur »schlechte Science-Fiction«, und wurde später dafür kritisiert, seine Fehlannahmen nicht einzugestehen. Sicher, zu der Zeit gab es große Unsicherheiten in den Daten, aber gerade deswegen steht diese Art von Meinungs-Kommentar auf der unteren Stufe.

Auf der nächsten Stufe finden wir das erste Mal wissenschaftliche Studien. Zunächst, also quasi untere Mittelschicht, treffen wir auf die *Einzelfallstudie*. Hier wird an einer einzelnen Person zum Beispiel eine neue Krankheit beschrieben oder ein neues Medikament ausprobiert. Diese Art von Studie ist sehr wichtig, birgt aber immer die Gefahr, nicht über den Einzelfall hinauszuweisen. Vielleicht liegt ja eine besondere Genetik vor oder eine sehr außergewöhnliche Kombination von Faktoren, die diesen Fall anders machen als alle anderen. Daher stehen die *kontrollierten Studien* über den *Einzelfallstudien*. Wir hatten den Fall beim bösen Honig, warum diese Kontrollen wichtig sind. An oberster Stelle der mittleren Schicht stehen die *randomisierten, kontrollierten Studien*, oder auch RCTs. Bei denen wurde zufällig in Experimental- und Kontrollgruppe eingeteilt, und im besten Fall sind sie sogar *doppelblind*, was heißt, weder Versuchsleitung noch Teilnehmende wussten, zu welcher Gruppe sie gehören. Wenn ihr so eine Studie vor euch habt, seid ihr schon einmal gut beraten. Oder andersrum formuliert: Für alles unter einem RCT-Paper würde ich bei einer Diskussion im Bekanntenkreis keine Freundschaft aufs Spiel setzen. Nur trägt diese Aussage leider gleich zwei Schwierigkeiten in sich: Zum einen sind solche Studien, wie wir beim bösen Honig gesehen haben, nicht bei jedem Thema möglich. Zum anderen können sich auch RCTs gegenseitig widersprechen. Daher geht es noch eine Stufe höher hinauf.

Beim oberen Drittel der Pyramide, der gefilterten Information, finden wir die verlässlichsten Angaben. Hier befinden wir uns im Reich der Übersichtsarbeiten oder *Reviews*. Das ist etwas verwirrend, da damit auch das Peer Review gemeint sein kann, aber hier geht es um etwas anderes. Im einfachsten Fall ist ein Review im Sinne einer Übersichtsarbeit zunächst mal nur eine Beschreibung des aktuellen Stands der Wissenschaft in einem Bereich. Diesen Fall würde man *narratives Review* nennen, und das muss sich noch nicht durch besondere Verlässlichkeit auszeichnen (auch wenn narrative

Reviews der perfekte Einstieg sind, um sich in einem neuen Forschungsfeld einmal grundlegend zu orientieren). Die bessere Art von Review an der Spitze der Vertrauenspyramide ist das *systematische Review*. Hier werden die vorhandenen Studien im Feld nicht nur aufgezählt, sondern kritisch eingeordnet und verglichen – welches Paper ist mehr oder weniger vertrauenswürdig als das andere und warum? Und wenn man alle Ergebnisse nach ihrer Vertrauenswürdigkeit berichtet, welches Ergebnis findet man dann?

Die Spitze der Spitze unserer Pyramide ist die *Meta-Analyse*. Die ist eng mit dem systematischen Review verknüpft, sodass man in vielen Titeln beides findet. Aber bei der Meta-Analyse werden die Daten der Originalstudien noch mal neu verarbeitet. Zum Beispiel können mehrere veröffentlichte Befunde statistisch zusammengeworfen werden, oder es wird ein neues Ergebnis gefunden, das man erst nach der Kombination mehrerer Studien aus den Daten ersehen konnte. Nicht selten müssen die Autor:innen einer Meta-Studie dafür an die Türen der Leute klopfen, die die Originalstudien geschrieben haben, denn in vielen Fällen finden sich nicht alle Rohdaten in den Veröffentlichungen. Ich verbeuge mich daher an dieser Stelle vor all denen, die tollkühn genug sind, für ihre Abschlussarbeit eine Meta-Analyse zu wählen – denn diese Leute machen sich das Leben extra schwer, um die Forschung extra voranzubringen.

Dass Meta-Studien zuverlässiger sind, zeigt sich auch daran, dass sie in der »Alles verursacht und schützt vor Krebs«-Analyse um einiges besser davongekommen sind als die Einzelstudien. Für euch bedeutet das zusammengefasst: Eine Meta-Analyse muss zwar nicht immer recht behalten, ist aber die bestmögliche Anlaufstelle, um an wissenschaftliche Fakten zu kommen, die möglichst meinungsunabhängig sind.

Es mag euch aufgefallen sein, dass ich eine Quelle wissenschaftlicher Information ignoriert habe: Bücher von Fachleuten, so wie das, das ihr eben in den Händen haltet. Und da müssen wir jetzt alle zusammen ganz stark sein. Ein Buch präsentiert keine neuen Daten, beschreibt keine eigenen Versuche. Es gibt auch keinen strukturierten Überblick über alle Studien im Feld. Es fällt daher aus der oberen und der mittleren Schicht heraus und purzelt bis ganz an den Boden der Pyramide zu den Expert:innenkommentaren. Bei dem Buch vor eurer Nase gab es keine anonyme und unentgeltliche Prüfung durch unabhängige Expert:innen, und selbst wenn es die gegeben hätte, hätte sich der Verlag vermutlich nicht darauf eingelassen, das Projekt bei einer schlechten Bewertung komplett zu kippen. Daher seid ihr ganz darauf angewiesen, dass ich die Fakten in diesem Buch gut ausgesucht und richtig verstanden habe.

Ihr denkt jetzt vielleicht, ich rede mein eigenes Buch schlecht, aber nichts liegt mir ferner. Nein, stattdessen rede ich *alle Bücher* schlecht. Genau wie ein narratives Review ist ein Sachbuch wunderbar geeignet, ein neues Feld besser zu verstehen, aber damit hat es sich auch schon. Vertrauen ist gut, streng besehen solltet ihr allerdings nichts von dem glauben, was in einem Sachbuch steht, ohne die ihm zugrunde liegenden Studien anzuschauen. Das ist natürlich starker Tobak, denn wenn man nicht vom Fach ist, hält man Sachbücher meist für die zuverlässigste Quelle, die man lesen und verstehen kann. Auch deshalb wollte ich euch mit diesem Text dazu ermutigen, nach wissenschaftlichen Originalpublikationen zu suchen, damit ihr euch nicht auf die Angaben in einem Sachbuch verlassen müsst. Ein sehr guter Startpunkt dafür sind die Studien, die am Ende eines Buchs aufgelistet sind. Mit dem, was ihr in den letzten zwei Abschnitten erfahren habt, seid ihr in der Lage, diese zumindest grob nach ihrer Vertrauenswürdigkeit zu sortieren.

Im Fall des Buchs, das ihr vor euch habt, verbürge ich mich dafür, dass ich jede Aussage nach bestem Gewissen belegt und geprüft habe. Na ja, in einer Sache habe ich euch von der ersten Seite ab aalglatt angelogen. Habt ihr's gemerkt? Freddy gibt es nicht. Ich kenne gar keinen Freddy, noch nicht einmal einen Frederik. Ich habe ihn einfach nur Stichworte liefern lassen, auf die ich an der jeweiligen Stelle eingehen wollte. Genau aus diesem Grund solltet ihr vorsichtig damit sein, zu viel eures Vertrauens in Bücher zu stecken.

Besser urteilen: Eine Anleitung

Da ihr es bis hierher geschafft habt, wisst ihr genau, wie häufig Fakten und Meinungen in der Naturwissenschaft aufeinanderprallen. Ich habe insgesamt sechzehn Probleme benannt, die uns die Unterscheidung von Fakten und Meinungen schwer machen können, manche bei dem Versuch, die Fakten selbst anzuerkennen, und andere beim Recherchieren von Fakten. An dieser Stelle sollen die besten Lösungswege aufgezeigt werden, um diese Probleme zu bewältigen; sofern es denn überhaupt Lösungen geben kann.

Problem 1: Wir übersehen Dinge

Wie das Beispiel mit den zwei Embryos zeigt, führen wir manchmal Unterhaltungen über Meinungen, obwohl es eigentlich Fakten gäbe, die wir nachprüfen und diskutieren könnten.

Lösung:

Es ist die einfachste Übung: Wann immer möglich, sollten wir schauen, ob es nachprüfbare Fakten gibt, auf die wir uns einigen können. Das ist häufiger der Fall, als man denkt. Aber behaltet auch im Kopf, dass es Bereiche gibt, zu denen die Wissenschaft gar keine Aussage machen kann. Sie kann uns ja noch nicht einmal sagen, ob Mord legal sein sollte oder nicht. Daher lohnt es sich, einmal zu überlegen: Ist es wirklich eine wissenschaftliche Frage oder eher eine ethische, bei der die Fakten nicht unbedingt die Deutungshoheit über die Meinungen haben?

Problem 2: Wir beobachten und erinnern schlecht

Beim Beispiel rund um die Spaghetti bolognese ging es darum, dass unser Gehirn entstehende Lücken gemäß den eigenen Erwartungen auffüllt – sowohl beim Wahrnehmen wie auch beim Abrufen von Erinnerungen. Dazu kommt, dass unsere Sinne speziell in Extremsituationen nicht immer das wahrnehmen, was im Nachhinein besonders zielführend gewesen wäre. All das ist eine denkbar schlechte Ausgangslage, wenn wir Fakten statt Meinungen finden wollen.

Lösung:

Die Lösung dafür ist die Messung, was hier heißen soll: aufzeichnen, Daten sammeln und abspeichern, ein Laborjournal anlegen. Je mehr Dinge wir unabhängig von unserer eigenen Wahrnehmung und Erinnerung erfassen können, umso besser. Aber Vorsicht: Wenn man es mit dieser Strategie übertreibt, kann das dazu führen, dass wertvolle Augenzeugenberichte als bedeutungslos abgetan werden, so wie es bei der Suche nach dem Phantom war. Es gilt hier also, den eigenen Bias gleich in zwei unterschiedliche Richtungen im Blick zu behalten.

Problem 3: Wir können nur messen, was wir haben

In jeglicher Situation können wir nur mit den Daten arbeiten, die wir auch beobachten oder messen können. Wir müssen zu jeder Zeit befürchten, der Betrunkene zu sein, der im Lichtkegel der Straßenlampe nach den Schlüsseln sucht, die ganz woanders liegen. Das Problem tritt dann auf, wenn wir Schlüsse über etwas ziehen wollen, das über unseren speziellen Fall hinausgeht – denn in dem Fall besteht die Möglichkeit einer massiven Fehlinterpretation.

Lösung:

Hier hilft nur, dies als Tatsache anzuerkennen. Manchmal gibt es die Möglichkeit, Fälle, die man nicht untersuchen kann, immerhin zu beziffern, und die Daten, die man vor sich liegen hat, danach zu gewichten. Wenn das nicht geht, muss man einfach immer im Hinterkopf behalten, dass man nicht den vollen Überblick hat.

Problem 4: Wir hinterfragen unsere Methoden nicht

Bei der Jagd nach dem Phantom hat man sich zu sehr auf vermeintlich objektive und gesicherte DNA-Analysen verlassen und dafür vermeintlich unzuverlässige Zeugenaussagen und Kritik vernachlässigt oder heruntergespielt. Ähnliche Tücken sehen wir bei Lügendetektoren, Fingerabdrücken und allen anderen Messungen, die wir vornehmen, um die Welt um uns herum zu verstehen.

Lösung:

Wir müssen anerkennen, dass jede Messung falsch sein kann und dass alle Datenpunkte ihr eigenes Maß an Vertrauenswürdigkeit mit sich bringen. Wenn sich eine Methode als unzuverlässig herausstellt, sollten wir fortan auf sie verzichten. Das kann vor allem dann schwerfallen, wenn sie die einfachste oder günstigste Methode ist oder wenn wir den Eindruck haben, sie hätte sich in der Vergangenheit bewährt. Am besten ist es, wenn wir Hinweise von mehreren unabhängigen Methoden haben. Um an die Wahrheit zu gelangen, behandeln wir diese Datenpunkte dann wie Ziegelsteine unterschiedlicher Stabilität, die wir verwenden, um mit ihnen ein Haus zu bauen.

Problem 5: Wir mögen unwiderlegbare Annahmen

Manche denken, die ganze Welt sei ihre persönliche Truman Show, in der nichts echt ist; andere erzählen von geheimen Mächten im Hintergrund, die alle Geschicke lenken sollen. Beides klingt zunächst nach einer starken Behauptung, da man sie nie wirklich widerlegen kann, schließlich könnte auch jeder Gegenbeweis nur vom

Regisseur oder von der geheimen Oligarchie gestreut worden sein. Wie finden wir in diesem Fall heraus, ob etwas wahr ist oder nicht?

Lösung:

Die Wissenschaft bietet eine Anleitung dafür, wie Annahmen gestaltet sein müssen, damit sie uns zur Wahrheit führen können. Dazu gehört, dass in der Annahme enthalten ist, wie sie widerlegt werden könnte. Erst dann ist es das, was wir in der Naturwissenschaft eine Hypothese nennen. Umgekehrt gilt: Was nicht widerlegt werden kann, muss auch nicht ernst genommen werden. Das fällt oft schwer, da wir dazu neigen, nicht widerlegbare Aussagen für besonders überzeugend zu halten. Aber abgesehen davon, dass sie ein Grundprinzip des wissenschaftlichen Arbeitens ist, hilft uns diese Regel auch dabei, nicht auf Verschwörungstheorien hereinzufallen.

Problem 6: Wir können nicht alles sicher wissen

Wann immer es geht, sollten Fakten anhand von Experimenten erzeugt oder bestätigt werden, denn nur durch den Vergleich von Experiment und Kontrolle können wir die Hoffnung haben, wirklich zu erfahren, was Sache ist. Aber das Beispiel mit dem bösen Honig zeigt uns, dass man manchmal harte Entscheidungen treffen muss, ohne die Sachlage unter kontrollierten Bedingungen über jeden Zweifel erhaben bestätigen zu können.

Lösung:

Man muss die Daten auf die beste Art sammeln, die in der jeweiligen Situation möglich ist. Am besten ist es, wenn wir Ergebnisse aus einem kontrollierten Experiment haben. Ist das nicht möglich, dann ist ein Quasi-Experiment die nächst-vertrauenswürdige Quelle. Und manchmal hilft nur noch die Entscheidung zweiter Ordnung: Dann schraubt man den Pumpenhebel ab und schaut, ob das die Cholera eindämmt. Anders gesagt: In manchen Fällen müssen wir eine Entscheidung treffen, ohne jemals einen experimentell bestätigten Fakt in Händen zu halten.

Problem 7: Wir beobachten manchmal Unerklärliches

Manche Erlebnisse sind verblüffend, weil sie unserem Verständnis der Welt widersprechen. So wie beim Zauberer, der die Telefonnummer kennt. Dann kann es passieren, dass man entweder gar keine Erklärung hat oder nur eine Erklärung vorgesetzt bekommt, die ebenfalls dem Verständnis der Welt zuwiderläuft.

Lösung:

In dieser Situation ist die Prüfung der Erklärung nicht der beste erste Schritt. Stattdessen sollte man zunächst möglichst viele Alternativerklärungen aufstellen. Dabei wird zunächst alles zugelassen, das in der Lage ist, das Beobachtete zu erklären. Im besten Fall sind alle diese potenziellen Erklärungen überprüfbar, sodass man sie nacheinander testen und damit gegeneinander antreten lassen kann. Dabei bitte nicht vergessen, dass manchmal auch der Zufall eine ausreichend gute Erklärung ist.

Problem 8: Wir halten zu sehr an einer Annahme fest

Wenn wir verschiedene Erklärungen gegeneinander aufwiegen können, haben wir üblicherweise eine »Lieblingserklärung« im Kopf. Vielleicht, weil es die erste war, auf die wir gekommen sind, oder weil sie von unserem Bauchgefühl her am plausibelsten klingt. Aber das heißt nicht, dass sie auch am wahrscheinlichsten zutrifft.

Lösung:

Wir sollten bewusst und gezielt Prüfungen unserer Annahmen durchführen, die darauf abzielen, sie zu widerlegen: Was wäre, wenn ich falschliege? Das ist vor allem deshalb schwierig, weil wir eine Annahme für besonders glaubwürdig halten, wenn es viele Belege für sie gibt. Aber die Wissenschaft interessiert sich hier vor allem für die Gegenprobe: Wie sieht es mit den Belegen *dagegen* aus? Und die Geschichte mit den überlichtschnellen Neutrinos macht uns bewusst, dass keine Annahme, egal wie gut und wie lange sie bereits belegt sein mag, nicht durch einen neuen Befund widerlegt werden könnte. Hier hilft der Austausch: Welche Ansichten haben andere, und warum halten sie diese für glaubwürdiger?

Problem 9: Wir messen nicht das, was wir denken

Beim Marshmallow-Test passt alles zusammen: Die Ergebnisse sind klar, der Mechanismus dahinter plausibel, und man kann ihn verwenden, um Verhalten in der Zukunft vorherzusagen. Eigentlich alles, was eine schlüssige wissenschaftliche Theorie braucht. Dennoch wurde und wird er oft falsch interpretiert, weil seine Ergebnisse zum größten Teil von etwas abhängig sind, das man nicht so ohne Weiteres auf dem Schirm hat.

Lösung:

Man muss schon froh sein, sich mit anderen über die Datenlage einig zu werden. Kommt es aber zur Interpretation dieser Daten, müssen wir immer für möglich halten, dass wir etwas übersehen haben, was uns auf die falsche Fährte führt. Behaltet immer das Beispiel der ansteigenden Arbeitsausfälle aufgrund psychischer Erkrankungen im Kopf: Eine Welle von psychischen Erkrankungen wäre besorgniserregend, aber eine Abnahme der Stigmatisierung in der Bevölkerung ist zu begrüßen. Ob die Entwicklung, die man sieht, positiv oder negativ zu bewerten ist, lässt sich manchmal nicht bewerten, ohne den ganzen Kontext zu kennen.

Problem 10: Wir wissen nicht, welche Erklärung stimmt

Egal ob bei schlauen Bienchen oder bei Mikroben vom Mars, manchmal schauen mehrere Leute auf dieselben Daten und kommen zu dramatisch unterschiedlichen Ergebnissen. Wie finden wir heraus, wer recht hat?

Lösung:

Es gilt immer das ECREE-Prinzip: Für außergewöhnliche Annahmen müssen außergewöhnliche Nachweise vorgelegt werden. Aber selbst wenn alle offen und ehrlich an den Fall herangehen, kann es manchmal Jahre dauern, bis sich eine Erklärung gegenüber der anderen behauptet und sich ein wissenschaftlicher Konsens ausbildet – und in manchen Fällen kommt keiner zustande.

Problem 11: Wir sortieren nach Erwartung vor

Wir können niemals komplett offen an eine Forschungsfrage herangehen, sondern bringen automatisch und immer unseren eigenen Bezugsrahmen mit.

Lösung:

Behaltet im Kopf, dass diese Vorsortierung eine Funktion erfüllt. Wenn mein Zimmerthermometer eine Temperatur von 99 Grad anzeigt, gehe ich von einer Fehlmessung aus und habe damit wahrscheinlich recht. Aber manchmal kann diese Strategie auch zu Problemen oder Fehlern führen. Dann hilft es, den eigenen Bezugsrahmen zu kennen. Wenn wir uns hinterher über die gewonnenen Fakten austauschen, kann er benannt und auch diskutiert werden.

Problem 12: Wir können nicht ganz ohne Erwartung beobachten

Was man untersucht, verändert man dadurch, und jede Ableitung daraus kann nur ein Modell der Welt sein, welches dann – wie jedes Modell – Fehler und Schwächen enthält. Oder, wie Hawking sagt: »Es gibt keine modellunabhängige Prüfung der Wirklichkeit.«

Lösung:

Das eigene Modell muss kritisch hinterfragt werden: Kann es alle Daten erklären? Deckt es sich an den Überlappungspunkten mit dem, was anderslautende Modelle sagen? Ist es elegant? Kann es Vorhersagen machen? Trifft all das zu, kann man sagen, das Modell bildet die Wirklichkeit ab, selbst wenn es andere Modelle gibt, die das auch tun. Dieses Konzept zeigt den genauen Punkt auf, ab welchem wir anderen Leuten ihre Meinung einfach zugestehen müssen; nämlich dann, wenn ihre Sicht der Welt das Beobachtete innerhalb der beschriebenen Regeln auch nicht schlechter erklärt als meine.

Problem 13: Wir verstehen einander nicht

Um uns zu verstehen, müssen wir die Perspektive des Gegenübers einnehmen, und das fällt uns nicht immer leicht. Den kleinsten Lastwagen auszusuchen, den eine andere Person sehen kann, kostet uns Zeit und geistige Mühe.

Lösung:

Im Alltag müssen wir damit klarkommen, dass unsere Kommunikation aufgrund dieser mangelnden Perspektivenübernahme immer Schwächen haben und wir vielleicht nicht auf Anhieb zu einhundert Prozent verstanden werden. In der Naturwissenschaft nimmt man das zum Anlass, die Sprache möglichst klar und unmissverständlich zu halten, auch wenn die Lesbarkeit darunter leiden kann. Im Dialog mit anderen kann es helfen, die Begrifflichkeit des Gegenübers mit zu verwenden. Wenn eine Person also einen »Bammel vor Hunden« hat, dann übernimmt man diesen Begriff am besten zunächst, bis man weiß, was genau damit gemeint ist.

Problem 14: Wir wissen nicht, wie man Studien liest

Wenn wir den Fakten selbst auf den Grund gehen wollen, müssen wir dazu wissenschaftliche Originalstudien lesen. Aber wie man das tut, wurde uns nie beigebracht.

Lösung:

Es hilft, sich einmal die Struktur eines Papers klarzumachen und die grundlegenden Anzeichen von Vertrauenswürdigkeit zu kennen. Es lohnt sich vor allem, auf die Limitations und die Stichprobe zu schauen sowie zu checken, ob die Studie präregistriert war.

Problem 15: Wir fallen auf Fake-Studien rein

In den letzten Jahren hat sich ein Problem aufgetan, über das fast niemand spricht: Plötzlich kann man für Geld eine Fake-Studie veröffentlichen, die für viele so aussieht wie eine echte Studie. Woran soll ich das erkennen?

Lösung:

Das Gute ist, dass die Wissenschaft zum Großteil nicht darauf reinzufallen scheint. Und für Menschen außerhalb der Wissenschaft gibt es zumindest einen Leitfaden, dem man folgen kann, um möglichst nicht aufs Glatteis geführt zu werden.

Problem 16: Wir halten alle für gleich glaubwürdig

Einzelne Studien oder Expert:innen können immer falschliegen. Auf der Suche nach Fakten stoßen wir daher auf so einiges, was sich gegenseitig widerspricht, und woran soll ich denn erkennen, ob eine Quelle vertrauenswürdiger ist als eine andere?

Lösung:

An der Vertrauenspyramide lässt sich ablesen, dass es innerhalb akademischer Textsorten ein Ranking der Glaubwürdigkeit gibt. An ihrer Spitze stehen die systematischen Reviews und Meta-Analysen.

Schlusswort

Diese Liste, auf die das gesamte Buch hingeführt hat, mag unterm Strich ernüchternd wirken. Wir können unserer Wahrnehmung also nicht trauen und unserem Gedächtnis auch nicht. Suchen wir Zuflucht in Experimenten und wissenschaftlichen Studien, sind die gar nicht immer möglich oder liegen manchmal falsch. Im Labor wie bei der Interpretation der Daten werden Filter angelegt, die das Ergebnis verzerren können, und unsere Kommunikation ist so unscharf, dass sie gleich selbst noch weiter verzerrt. Zu allem Überfluss können wir uns unserer Subjektivität vielleicht bewusst werden, sie aber niemals ganz ablegen. Ist die Suche nach Fakten etwa sinnlos, weil sie überhaupt nicht wirklich möglich ist?

Nein. Die Lehre aus diesem Buch sollte sein, dass die Suche nach Fakten *schwierig* ist. Schwieriger, als man denkt. Und die Lösung, auf die man dann anhand der Fakten gelangt, kann darin bestehen, dass sich mehrere Meinungen gleichermaßen bestätigt fühlen können. Das ist nicht leicht hinzunehmen, weil es nicht unserer Natur entspricht: Wir wollen schnell und einfach zu einem klaren Ergebnis kommen. Aber in der Wissenschaft wie in der echten Welt funktioniert es so leider meistens nicht.

Es gibt einen Bereich, der in diesem Buch fast komplett ausgespart wurde. Bis auf wenige Momente (etwa beim Problem der Fake Journals) haben wir uns nicht über aktive Desinformation unterhalten, also übers Lügen. All die besprochenen Schwierigkeiten treten selbst dann auf, wenn es alle Beteiligten ernst meinen und jede einzelne Person aufrichtig und ehrlich ist. Niemand hat gelogen, als unklar war, ob es Mikroben auf dem Mars gibt. Niemand war politisch oder ideologisch getrieben bei der Frage der rechnenden Bienen. Natürlich kann es *bad player* geben, unehrliche Zeitgenossen, die sich unlauterer Methoden bedienen oder gar für Geld ein Ergebnis liefern, das jemand bei ihnen in Auftrag gibt. Aber diese ganzen Schwierigkeiten können eben auch in einer Situation auftreten, in der alle am Tisch aufrichtig und zur gemeinsamen Faktenfindung motiviert sind. Für jeden Fall, in dem jemand gezielte Rosinenpickerei betreibt, um ganz bewusst einen bestimmten Eindruck zu erzeugen, gibt es einen anderen, in dem sich jemand genauso verhält, weil er auch bei ehrlicher Betrachtungsweise einfach nicht aus dem Lichtkegel der Straßenlampe heraustreten kann. Insofern ist dieses Buch auch so etwas wie ein Angebot zur Versöhnung, denn es geht davon aus, dass die Menschen offen und aufrichtig sind und ein ehrliches Interesse daran haben, der Wahrheit auf den Grund zu gehen.

Für die Suche nach Fakten ist es meistens auch gar nicht so wichtig, ob uns etwas mit Vorsatz oder aus Versehen falsch präsentiert wird. In beiden Fällen ist das Einzige, was wir wirklich tun können, die Daten, Ideen, Modelle und Interpretationen, die wir sehen, immer zu hinterfragen. Und das nicht nur dann, wenn sie uns erzählt werden, sondern genauso (oder noch mehr), wenn es unsere eigenen sind. Wie vertrauenswürdig sind die Tatsachen, die uns vorgelegt werden oder die wir im Kopf haben? Wie wurden sie erhoben, wie interpretiert? Welche Erklärung haben wir dafür? Und vor allem: Gibt es eine andere Erklärung, die genauso oder vielleicht sogar noch besser zu den Befunden passt?

Das offensichtliche Risiko bei diesem Vorgehen ist, dass es nicht jedes Mal von Erfolg gekrönt ist. Was, wenn die Fakten nicht dafür ausreichen, sich eine fundierte Meinung zu bilden? Für diesen Fall möchte ich einen Appell aussprechen: Ich hätte gern, dass es viel normaler und akzeptierter wird, einfach mal zu sagen: »Dazu habe ich keine Meinung, denn ich kenne mich zu wenig damit aus.« Wenn wir diesen Satz aussprechen, fühlen wir uns doof, uninformiert, inkompetent. Und wir könnten uns gezwungen sehen, uns für eine Meinung zu entscheiden, einfach um vor anderen nicht das Gesicht zu verlieren. Stattdessen stellen wir vielleicht nur einen hohen Anspruch an die Fakten, auf die wir unsere Meinung bauen.

Wenn wir dem in diesem Buch beschriebenen Prozess folgen und uns all diese Schritte zu Herzen nehmen, dann gehen wir wissenschaftlich vor. Dafür ist es ganz egal, ob wir einen weißen Kittel und einen Doktortitel tragen oder einfach als aufmerksame Menschen irgendeinem Wissens- und Erkenntnisdrang folgen. Wenn wir unser Bestes geben, um die Dinge so zu untersuchen, wie sie wirklich sind, im Bewusstsein all der Fallstricke auf dem Weg zum Ziel, verhalten wir uns wie gute Wissenschaftler:innen. Den Anspruch, dieses Vorgehen nach bestem Wissen und Gewissen einzuhalten, sollten wir an die anlegen, mit denen wir debattieren – aber vor allem an uns selbst.

Denn sonst sind Fakten auch nur Meinungen.

Literaturverzeichnis

Vorwort

Jewitt, D. & Luu, J.X. (2007). Pluto, perception & planetary politics. *Daedalus, 136*(1), 132–136.

Borchers, C. (2017). *Trump falsely claims (again) that he coined the term ›fake news‹.* The Washington Post. Abgerufen am 23.6.2024 von <https://www.washingtonpost.com/news/the-fix/wp/2017/10/26/trump-falsely-claims-again-that-he-coined-the-term-fake-news/>.

Mede, N.G. & Schäfer, M.S. (2020). Science-related populism: Conceptualizing populist demands toward science. *Public Understanding of Science, 29*(5), 473–491.

Gibis, S. & Röcker, A. (1. Februar 2023). Wirkung mit jedem Schluck? So gesund ist Kaffee. Apotheken Umschau. Abgerufen am 25.5.2024 von <https://www.apotheken-umschau.de/gesund-bleiben/ernaehrung/wirkt-mit-jedem-schluck-so-gesund-ist-kaffee-933995.html>.

Ist Kaffee gesund und wie wirkt er auf den Körper? (5. Oktober 2023). ARD Gesund. Abgerufen am 25.5.2024 von <https://www.ndr.de/ratgeber/gesundheit/Ist-Kaffee-gesund-und-wie-wirkt-er-auf-den-Koerper,kaffee786.html>.

Soper, G.A. (1919). The lessons of the pandemic. *Science, 49*(1274), 501–506.

Kähler, C.J. & Hain, R. (2020). Fundamental protective mechanisms of face masks against droplet infections. *Journal of Aerosol Science, 148,* 105617.

Jefferson, T., Del Mar, C.B. & Dooley, L. (2011). Physical interventions to interrupt or reduce the spread of respiratory viruses. *Cochrane Database Systematic Review, 7,* CD006207.

Howard, J. (31. März 2020). WHO stands by recommendation to not wear masks if you are not sick or not caring for someone who is sick. CNN.com. Abgerufen am 26.5.2024 von <https://edition.cnn.

com/2020/03/30/world/coronavirus-who-masks-recommendation-trnd/index.html>.

Netburn, D. (27. Juli 2021). A timeline of the CDC's advice on face masks. Los Angeles Times. Abgerufen am 26.5.2024 von <https://www.latimes.com/science/story/2021–07–27/timeline-cdc-mask-guidance-during-covid-19-pandemic>.

He, L., He, C., Reynolds, T. L., Bai, Q., Huang, Y., Li, C. … & Chen, Y. (2021). Why do people oppose mask wearing? A comprehensive analysis of US tweets during the COVID-19 pandemic. *Journal of the American Medical Informatics Association*, *28*(7), 1564–1573.

Pasek, J. (2018). It's not my consensus: Motivated reasoning and the sources of scientific illiteracy. *Public Understanding of Science*, *27*(7), 787–806.

Bromme, R., Mede, N. G., Thomm, E., Kremer, B. & Ziegler, R. (2022). An anchor in troubled times: Trust in science before and within the COVID-19 pandemic. *PloS One*, 17(2), e0262823.

Zhang, F. J. (2023). Political endorsement by *Nature* and trust in scientific expertise during COVID-19. *Nature Human Behaviour*, *7*, 696–706.

Yannis, G., Papadimitriou, E., Dupont, E. & Martensen, H. (2010). Estimation of fatality and injury risk by means of in-depth fatal accident investigation data. *Traffic Injury Prevention*, *11*(5), 492–502.

Problem 1. Zwei Embryos, oder: Wir übersehen Dinge

Asimov, I. (1985). *The roving mind.* Prometheus Books (42).

Ghio, M., Cara, C. & Tettamanti, M. (2021). The prenatal brain readiness for speech processing: A review on foetal development of auditory and primordial language networks. *Neuroscience & Biobehavioral Reviews*, *128*, 709–719.

Problem 2. Spaghetti bolognese, oder:
Wir beobachten und erinnern schlecht

Loftus, E. F., Miller, D. G. & Burns, H. J. (1978). Semantic integration of verbal information into a visual memory. *Journal of Experimental Psychology: Human Learning and Memory, 4*(1), 19.

Released Prisoner Gets Big Welcome (5. April 1989). Spokane Chronicle.

DNA Exonerations in the United States (1989–2020) (o. D.). Innocence Project. Abgerufen am 22.5.2024 von <https://innocenceproject.org/dna-exonerations-in-the-united-states/>.

Wixted, J. T., Mickes, L. & Fisher, R. P. (2018). Rethinking the reliability of eyewitness memory. *Perspectives on Psychological Science, 13*(3), 324–335.

Newberry, L. (6. Februar 2020). *This ›false memory‹ expert has testified in hundreds of trials. Now she's been hired by Harvey Weinstein.* Los Angeles Times.

Hirst, W., Phelps, E. A., Buckner, R. L., Budson, A. E., Cuc, A., Gabrieli, J. D. … & Vaidya, C. J. (2009). Long-term memory for the terrorist attack of September 11: flashbulb memories, event memories, and the factors that influence their retention. *Journal of Experimental Psychology: General, 138*(2), 161.

Newton's apple tree returns from space (6. Juli 2010). The Royal Society. Abgerufen am 22.5.2024 von <https://royalsociety.org/news/2010/newton-apple-tree/>.

McKie, D. & De Beer, G. R. (1951). Newton's apple. *Notes and Records of the Royal Society of London, 9*(1), 46–54.

Jonas, L., Jaksch, H., Zellmann, E., Klemm, K. I. & Andersen, P. H. (2012). Detection of mercury in the 411-year-old beard hairs of the astronomer Tycho Brahe by elemental analysis in electron microscopy. *Ultrastructural Pathology, 36*(5), 312–319.

Zhang, X., Zhang, G., Zhang, L., Sun, C., Liu, N. & Chen, M. (2017). Spontaneous rupture of the urinary bladder caused by eosinophilic cystitis in a male after binge drinking: a case report. *Medicine, 96*(51), e9170.

Ayala, F. J. (2009). Darwin and the scientific method. *Proceedings of the National Academy of Sciences, 106*(supplement_1), 10033–10039.

Avrorin, A.V., Ainutdinov, V.M., Belolaptikov, I.A., Bogorodskii, D.Y., Budnev, N.M., Wisznewski, R. … & Yagunov, A.S. (2011). Search for astrophysical neutrinos in the Baikal neutrino project. *Physics of Particles and Nuclei Letters, 8*, 704–716.

Finkbeiner, A. (2010). *Looking for Neutrinos, Nature's Ghost Particles.* Smithsonian Magazine.

The IceCube Collaboration (2017). Measurement of the multi-TeV neutrino interaction cross-section with IceCube using Earth absorption. *Nature 551*, 596–600.

Problem 3. Die Straßenlaterne, oder: Wir können nur messen, was wir haben

Foell, J. & Patrick, C.J. (2017). A Neuroscientific Perspective on Morbid Paraphilias. In: L. Mellor, A. Aggrawal & E. Hickey (Eds.), *Understanding Necrophilia: A Global Multidisciplinary Approach* (185–203). Cognella Academic Publishing.

Statistisches Bundesamt (2023). *Körpermaße nach Altersgruppen und Geschlecht.* Abgerufen am 22.5.2024 von <https://www.destatis.de/DE/Themen/Gesellschaft-Umwelt/Gesundheit/Gesundheitszustand-Relevantes-Verhalten/Tabellen/liste-koerpermasse.html#119172>.

Stulp, G., Buunk, A.P. & Pollet, T.V. (2013). Women want taller men more than men want shorter women. *Personality and Individual Differences, 54*(8), 877–883.

Jalava, J., Griffiths, S. & Larsen, R.R. (2023). How to keep unreproducible neuroimaging evidence out of court: A case study in fMRI and psychopathy. *Psychology, Public Policy, and Law, 29*(1), 1–18.

Schultz, W.W., van Andel, P., Sabelis, I. & Mooyaart, E. (1999). Magnetic resonance imaging of male and female genitals during coitus and female sexual arousal. *British Medical Journal, 319*(7225), 1596–1600.

Mangel, M. & Samaniego, F.J. (1984). Abraham Wald's work on aircraft survivability. *Journal of the American Statistical Association, 79*(386), 259–267.

Jordan, K. (1989). Die Helmentwicklung vom Mittelalter bis zur

Gegenwart. *Burgen und Schlösser. Zeitschrift für Burgenforschung und Denkmalpflege, 30*(2), 99–106.

Op't Eynde, J., Yu, A. W., Eckersley, C. P. & Bass, C. R. (2020). Primary blast wave protection in combat helmet design: A historical comparison between present day and World War I. *PLoS one, 15*(2), e0228802.

Guildal, P. (1916). *Kriegschirurgische Eindruecke aus Frankreich.* Zitiert in: Juhnke, L. A., International Abstracts of Surgery. The Surgical Publishing Company of Chicago (619).

Engel-Di Mauro, S. & Martin, G. (2021). Cities and food production. In: *Urban Food Production for Ecosocialism* (20–33). Routledge.

Problem 4. Das Phantom, oder:
Wir hinterfragen unsere Methoden nicht

Neumeyer, J. (15. Januar 2014). *Wie und warum starb Polizistin Michèle Kiesewetter?* Hamburger Abendblatt.

Drucksache des Deutschen Bundestages 17/14600 vom 22.8.2013: Beschlussempfehlung und Bericht des 2. Untersuchungsausschusses nach Artikel 44 des Grundgesetzes.

Diehl, J. (18. März 2009). *Aktenzeichen UWP ungelöst.* Der Spiegel.

Berglund, A., Johannsen, T. H., Stochholm, K., Aksglæde, L., Fedder, J., Viuff, M. H. … & Gravholt, C. H. (2017). Incidence, prevalence, diagnostic delay, morbidity, mortality and socioeconomic status in males with 46, XX disorders of sex development: a nationwide study. *Human Reproduction, 32*(8), 1751–1760.

Diehl, J. & Jüttner, J. (26. März 2009). *»Plötzlich war die DNA nicht mehr da«*. Der Spiegel.

»Phantom«-Jäger schließen Laborpannen aus – Suche nach Mörderin geht weiter (26. Dezember 2008). Pforzheimer Zeitung.

Iacono, W. G. & Ben-Shakhar, G. (2019). Current status of forensic lie detection with the comparison question technique: An update of the 2003 National Academy of Sciences report on polygraph testing. *Law and Human Behavior, 43*(1), 86–98.

Edmond, G., Cunliffe, E. & Hamer, D. (2020). Fingerprint comparison and adversarialism: The scientific and historical evidence. *The Modern Law Review, 83*(6), 1287–1327.

Ryan, M.J. (2020). Escaping the Fingerprint Crisis: A Blueprint for Essential Research. *University of Illinois Law Review 2020*(3), 763–810.

Problem 5. Die Truman Show, oder:
Wir mögen unwiderlegbare Annahmen

Jevremovic, T. (2009). *Nuclear Principles in Engineering* (2nd Ed.). Springer Science & Business Media (491).

Ananthaswamy, A. (2020). *Do We Live in a Simulation? Chances Are about 50–50*. Scientific American.

Ashrafian, H. (2020). How Many Simulations Do We Exist In? A Practical Mathematical Solution to the Simulation Argument. *arXiv preprint arXiv:2001.10439*.

Packard, F.H. (1906). The feeling of unreality. *The Journal of Abnormal Psychology, 1*(2), 69–82.

Kate, M.A., Hopwood, T. & Jamieson, G. (2020). The prevalence of dissociative disorders and dissociative experiences in college populations: A meta-analysis of 98 studies. *Journal of Trauma & Dissociation, 21*(1), 16–61.

Gold, J. & Gold, I. (2012). The »Truman Show« delusion: psychosis in the global village. *Cognitive Neuropsychiatry, 17*(6), 455–472.

Fusar-Poli, P., Howes, O., Valmaggia, L. & McGuire, P. (2008). ›Truman‹ signs and vulnerability to psychosis. *The British Journal of Psychiatry, 193*(2), 168.

Grimes, D.R. (2016). On the viability of conspiratorial beliefs. *PloS one, 11*(1), e0147905.

Wahlprogramm der Alternative für Deutschland für die Wahl zum Deutschen Bundestag am 24. September 2017, 10.

Dyson, F.W., Eddington, A.S. & Davidson, C. (1923). A Determination of the Deflection of Light by the Sun's Gravitational Field, from Observations made at the Total Eclipse of May 29, 1919. *Memoirs of the Royal Astronomical Society, Vol. 62*, A1.

Einstein, A. (1911). Über den Einfluß der Schwerkraft auf die Ausbreitung des Lichtes. *Annalen der Physik, 340*(10), 898–908.

Rosenthal-Schneider, I. (2013). *Begegnungen mit Einstein, von Laue und Planck: Realität und wissenschaftliche Wahrheit* (60). Springer-Verlag.

Problem 6. Böser Honig, oder:
Wir können nicht alles sicher wissen

Ropp, G., Lesur, V., Baerenzung, J. & Holschneider, M. (2020). Sequential modelling of the Earth's core magnetic field. *Earth, Planets and Space, 72*(1), 153.

Midura, T. & Arnon, S. (1976). Infant botulism: identification of Clostridium botulinum and its toxins in faeces. *The Lancet, 308*(7992), 934–936.

RKI-Ratgeber Botulismus (n. d.). Robert-Koch-Institut. Abgerufen am 23.5.2024 von <https://www.rki.de/DE/Content/Infekt/EpidBull/Merkblaetter/Ratgeber_Botulismus.html>.

Arnon, S. S., Midura, T. F., Damus, K., Thompson, B., Wood, R. M. & Chin, J. (1979). Honey and other environmental risk factors for infant botulism. *The Journal of Pediatrics, 94*(2), 331–336.

Panditrao, M. V., Dabritz, H. A., Kazerouni, N. N., Damus, K. H., Meissinger, J. K. & Arnon, S. S. (2020). Descriptive epidemiology of infant botulism in California: the first 40 years. *The Journal of Pediatrics, 227*, 247–257.

An Honig können Säuglinge ersticken (8. Juli 2008). WELT. Abgerufen am 23.5.2024 von <https://www.welt.de/gesundheit/article2190060/An-Honig-koennen-Saeuglinge-ersticken.html>.

Spurious correlation #2428 (o. D.). TylerVigen.com. Abgerufen am 23.5.2024 von <https://www.tylervigen.com/spurious/correlation/2428_the-distance-between-neptune-and-earth_correlates-with_burglaries-in-kansas>.

Widder, M., Mierzwa, L., Schwerg, L., Schecke, H., Kornhuber, J., Bouna-Pyrrou, P. … & Lenz, B. (2021). Evaluation of the German biographic screening interview for fetal alcohol spectrum disorder (BSI-FASD). *Scientific Reports, 11*(1), 5233.

Bergmann, K. E., Bergmann, R. L., Ellert, U. & Dudenhausen, J. W. (2007). Perinatale Einflussfaktoren auf die spätere Gesundheit. *Bundesgesundheitsbl – Gesundheitsforsch – Gesundheitsschutz 2007,* 50, 670–676.

Mamluk, L., Edwards, H. B., Savović, J., Leach, V., Jones, T., Moore, T. H. … & Zuccolo, L. (2017). Low alcohol consumption and pregnancy and childhood outcomes: time to change guidelines indicating apparently ›safe‹ levels of alcohol during pregnancy? A systematic review and meta-analyses. *BMJ Open*, *7*(7), e015410.

Bundeszentrale für gesundheitliche Aufklärung (2021). *Informationen zum Thema Alkohol für Schwangere und ihre Partner*. Abgerufen am 23.5.2024 von <https://shop.bzga.de/informationen-zum-thema-alkohol-fuer-schwangere-und-ihre-partner-32041001/>.

»Aufarbeiten, lernen, heilen«: Ethikrats-Chefin nennt Corona-Pandemie größte Krise seit dem Zweiten Weltkrieg (6. April 2024). Der Tagesspiegel. Abgerufen am 28.5.2024 von <https://www.tagesspiegel.de/politik/aufarbeiten-lernen-heilen-ethikrats-chefin-nennt-corona-pandemie-grosste-krise-seit-dem-zweiten-weltkrieg-11475608.html>.

Snow, J. (1849). *On the mode of communication of cholera.* John Churchill.

Brody, H., Rip, M. R., Vinten-Johansen, P., Paneth, N. & Rachman, S. (2000). Map-making and myth-making in Broad Street: the London cholera epidemic, 1854. *The Lancet, 356*(9223), 64–68.

Bird, K. & Sherwin, M. J. (2005). *American Prometheus: The Triumph and Tragedy of J. Robert Oppenheimer*. Knopf Doubleday Publishing Group.

Rhodes, R. (1986). *The Making of the Atomic Bomb.* Simon and Schuster.

(H)our History Lesson: Historical Perspectives on the Atomic Bomb created at Los Alamos, Los Alamos County, New Mexico, WWII Heritage City (n. d.). National Park Service. Abgerufen am 23.5.2024 von <https://www.nps.gov/articles/000/-h-our-history-lesson-historical-perspectives-on-the-atomic-bomb-created-at-los-alamos-los-alamos-county-new-mexico-wwii-heritage-city.htm>.

Trinity test eyewitnesses (o. D.). Atomic Heritage Foundation. Abgerufen am 24.5.2024 von <https://ahf.nuclearmuseum.org/ahf/key-documents/trinity-test-eyewitnesses/>.

Bishop, A. & Spivey, W. (15. Juli 2021). Trinity revisited. Los Alamos National Laboratory. Abgerufen am 24.5.2024 von <https://discover.lanl.gov/publications/national-security-science/2021-summer/trinity-revisited/>.

Selby, H.D., Hanson, S.K., Meininger, D., Oldham, W.J., Kinman, W.S., Miller, J.L. … & Marcy, P.W. (2021). A new yield assessment for the trinity nuclear test, 75 years later. *Nuclear Technology, 207*(sup1), 321–325.

National Bureau of Statistics of China (17. Januar 2023). *National Economy Withstood Pressure and Reached a New Level in 2022.* Abgerufen am 24.5.2024 von <https://english.www.gov.cn/archive/statistics/202301/17/content_WS63c61d81c6d0a757729e592c.html>.

Problem 7. Die Macht der Magie, oder:
Wir beobachten manchmal Unerklärliches

Smolin, L. (1. Mai 2013). *There is No Scientific Method.* Big Think. Abgerufen am 24.5.2024 von <https://bigthink.com/articles/there-is-no-scientific-method/>.

Krafft, F. (1969). Phosphor. Von der Lichtmaterie zum chemischen Element. *Angewandte Chemie, 81*(17-18), 634–645.

Randi, J. (1988). The detection of fraud and fakery. *Experientia, 44*(4), 287–290.

Problem 8. Überlichtschnelle Teilchen, oder:
Wir halten zu sehr an einer Annahme fest

Wason, P.C. (1960). On the failure to eliminate hypotheses in a conceptual task. *Quarterly Journal of Experimental Psychology, 12*(3), 129–140.

Evans, J.S.B. (2022). Wason selection task. In: *Cognitive Illusions* (140–153). Routledge.

Wason, P. C. & Evans, J. S. B. (1974). Dual processes in reasoning? *Cognition, 3*(2), 141–154.

Giudice, G. F., Sibiryakov, S. & Strumia, A. (2012). Interpreting OPERA results on superluminal neutrino. *Nuclear Physics B, 861*(1), 1–16.

Brumfiel, G. (2011). Particles break light-speed limit. *Nature, 22.* <https://doi.org/10.1038/news.2011.554>.

Jha, A. (18. November 2011). *Neutrinos still faster than light in latest version of experiment.* The Guardian. Abgerufen am 24.5.2024 von <https://www.theguardian.com/science/2011/nov/18/neutrinos-still-faster-than-light>.

Krauss, L. M. (1987). Neutrino spectroscopy of supernova 1987A. *Nature, 329*(6141), 689–694.

Brumfiel, G. (2012). Neutrinos not faster than light. *Nature News.* <https://doi.org/10.1038/nature.2012.10249>.

Reich, E. S. (2012). Embattled neutrino project leaders step down. *Nature News, 2.* <https://doi.org/10.1038/nature.2012.10371>.

Reich, E. S. (2012). Timing glitches dog neutrino claim. *Nature, 483*(7387), 17.

Problem 9. Marshmallows, oder:
Wir messen nicht das, was wir denken

Blume, S. (8. Oktober 2023). *Zweifel an dem Gewaltexperiment der 1970er-Jahre.* Tagesschau. Abgerufen am 24.5.2024 von <https://www.tagesschau.de/wissen/forschung/stanford-prison-experiment-100.html>.

Bartels, J. M. (2015). The Stanford prison experiment in introductory psychology textbooks: A content analysis. *Psychology Learning & Teaching, 14*(1), 36–50.

Griggs, R. A. (2014). Coverage of the Stanford Prison Experiment in introductory psychology textbooks. *Teaching of Psychology, 41*(3), 195–203.

For the record (7. Juli 1983). The Daily Telegraph. Abgerufen am 24.5.2024 von <https://www.newspapers.com/article/the-daily-telegraph/135021563/>.

Mischel, W., Ayduk, O., Berman, M.G., Casey, B.J., Gotlib, I.H., Jonides, J. … & Shoda, Y. (2011). ›Willpower‹ over the life span: decomposing self-regulation. *Social Cognitive and Affective Neuroscience, 6*(2), 252–256.

Watts, T.W., Duncan, G.J. & Quan, H. (2018). Revisiting the marshmallow test: A conceptual replication investigating links between early delay of gratification and later outcomes. *Psychological Science, 29*(7), 1159–1177.

McCrory Calarco, J. (2018, Jun 1). Why Rich Kids Are So Good at the Marshmallow Test. The Atlantic. Abgerufen am 24.5.2024 von <https://www.theatlantic.com/family/archive/2018/06/marshmallow-test/561779/>.

Turkheimer, E., Haley, A., Waldron, M., d'Onofrio, B. & Gottesman, I.I. (2003). Socioeconomic status modifies heritability of IQ in young children. *Psychological Science, 14*(6), 623–628.

Nisbett, R.E., Aronson, J., Blair, C., Dickens, W., Flynn, J., Halpern, D.F. & Turkheimer, E. (2012). Intelligence: new findings and theoretical developments. *American psychologist, 67*(2), 130–159.

Rose, S. (2009). Should scientists study race and IQ? No: Science and society do not benefit. *Nature, 457*(7231), 786–788.

Pescosolido, B.A., Halpern-Manners, A., Luo, L. & Perry, B. (2021). Trends in public stigma of mental illness in the US, 1996–2018. *JAMA Network Open, 4*(12), e2140202.

Problem 10. Denkende Bienen, oder:
Wir wissen nicht, welche Erklärung stimmt

William J. Clinton, *Remarks on the Possible Discovery of Life on Mars and an Exchange With Reporters Online* by Gerhard Peters and John T. Woolley, The American Presidency Project. Abgerufen am 23.6.2024 von <https://www.presidency.ucsb.edu/node/223419>.

Shogren, E. (15. Juli 1997). *White House Protests Film's Use of Clinton.* Los Angeles Times. Abgerufen am 24.5.2024 von <https://www.latimes.com/archives/la-xpm-1997-jul-15-mn-12716-story.html>.

Tollenaar, V., Zekollari, H., Lhermitte, S., Tax, D.M., Debaille, V.,

Goderis, S. … & Pattyn, F. (2022). Unexplored Antarctic meteorite collection sites revealed through machine learning. *Science Advances, 8*(4), eabj8138.

Beard, B. L., Ludois, J. M., Lapen, T. J. & Johnson, C. M. (2013). Pre-4.0 billion year weathering on Mars constrained by Rb–Sr geochronology on meteorite ALH84001. *Earth and Planetary Science Letters, 361*, 173–182.

Ott, U., Swindle, T. D. & Schwenzer, S. P. (2019). Noble gases in Martian meteorites: budget, sources, sinks, and processes. In: J. Filiberto & S. P. Schwenzer (Eds.), *Volatiles in the Martian Crust* (35–70). Elsevier.

Jull, A. J. T., Eastoe, C. J., Xue, S. & Herzog, G. F. (1995). Isotopic composition of carbonates in the SNC meteorites Allan Hills 84001 and Nakhla. *Meteoritics, 30*(3), 311–318.

Goswami, J. N., Sinha, N., Murty, S. V. S., Mohapatra, R. K. & Clement, C. J. (1997). Nuclear tracks and light noble gases in Allan Hills 84001: Preatmospheric size, fall characteristics, cosmic-ray exposure duration and formation age. *Meteoritics & Planetary Science, 32*(1), 91–96.

Dickeson, Z. I. & Davis, J. M. (2020). Martian oceans. *Astronomy & Geophysics, 61*(3).

McKay, D. S., Gibson Jr, E. K., Thomas-Keprta, K. L., Vali, H., Romanek, C. S., Clemett, S. J. … & Zare, R. N. (1996). Search for past life on Mars: possible relic biogenic activity in Martian meteorite ALH84001. *Science, 273*(5277), 924–930.

Thomas-Keprta, K. L., Clemett, S. J., Bazylinski, D. A., Kirschvink, J. L., McKay, D. S., Wentworth, S. J. … & Romanek, C. S. (2002). Magnetofossils from ancient Mars: a robust biosignature in the Martian meteorite ALH84001. *Applied and Environmental Microbiology, 68*(8), 3663–3672.

Goswami, P., He, K., Li, J., Pan, Y., Roberts, A. P. & Lin, W. (2022). Magnetotactic bacteria and magnetofossils: ecology, evolution and environmental implications. *npj Biofilms and Microbiomes, 8*(1), 43.

Anders, E. (1996). Evaluating the evidence for past life on Mars. *Science, 274*(5295), 2119–2121.

Sawyer, K. (2006). *The rock from Mars: A detective story on two planets.* Random House.

Choi, C.Q. (10. August 2016). Mars Life? 20 Years Later, Debate Over Meteorite Continues. Space.com. Abgerufen am 24.5.2024 von <https://www.space.com/33690-allen-hills-mars-meteorite-alien-life-20-years.html>.

Own, C.S., Thomas-Keprta, K.L., Clemett, S., Rahman, Z., Martinez, J., Own, L.S. … & Pettit, D.R. (2022). Electron Microscopy and Analysis of Martian Meteorite ALH84001 with MochiiISS-NL on the International Space Station. *Microscopy and Microanalysis*, *28*(S1), 2712–2718.

Sumbria, D., Berber, E., Mathayan, M. & Rouse, B.T. (2021). Virus infections and host metabolism—can we manage the interactions? *Frontiers in Immunology*, *11*, 594963.

Taylor, G.J. (1996). Rules for Identifying Ancient Life. *Planetary Science Research Discoveries Report*, 1.

The Disney Resort That Never Was (19.Januar 2016). Federal Bureau of Investigation. Abgerufen am 24.5.2024 von <https://www.fbi.gov/news/stories/the-disney-resort-that-never-was>.

Roberts, W.A. (2020). Addition and subtraction by honeybees. *Learning & Behavior*, *48*, 191–192.

Shiffrin, R.M., Matzke, D., Crystal, J.D., Wagenmakers, E.J., Chandramouli, S.H., Vandekerckhove, J. … & Murphy, M.C. (2021). Extraordinary claims, extraordinary evidence? A discussion. *Learning & Behavior*, *49*(3), 265–275.

Gewirtz, P. (1996). On »I Know It When I See It.« *The Yale Law Journal*, *105*(4), 1023–1047.

Ford, H.L., Brick, C., Azmitia, M., Blaufuss, K. & Dekens, P. (2019). Women from some under-represented minorities are given too few talks at world's largest Earth-science conference. *Nature*, *576*(7785), 32–35.

Problem 11. Der Fußballtrainer, oder:
Wir sortieren nach Erwartung vor

Statistisches Bundesamt. (2024). Statistische Wochenberichte. Stand: 05. Juli 2024, 31.

Kaindl, F. (20. April 2024). Deutsche Fußballnationalmannschaft: Wie viel Gehalt bekommt Julian Nagelsmann als Bundestrainer? Merkur.de. Abgerufen am 24.5.2024 von >https://www.merkur.de/leben/geld/nationalmannschaft-fc-bayern-bundestrainer-gehalt-julian-nagelsmann-deutsche-zr-92548056.html>.

Markus Söder [@markus.soeder] (26. Februar 2023). Instagram. Abgerufen am 23.06.2024 von <https://www.instagram.com/p/CpHnOxcoTE9/>.

Problem 12. Gonzo, oder:
Wir können nicht ganz ohne Erwartung beobachten

Parsons, H. M. (1974). What Happened at Hawthorne? *Science, 183*, 922–932.

Brannigan, A. & Zwerman, W. (2001). The real »Hawthorne effect«. *Society, 2*(38), 55–60.

Mostafazadeh-Bora, M. (2020). The Hawthorne effect in observational studies: Threat or opportunity? *Infection Control & Hospital Epidemiology, 41*(4), 491–491.

Thompson, H. S. (1972). *Fear and loathing in Las Vegas*. Random House.

Cowart, L. (20. September 2016). *Tinfoil hats and Nazi clowns: Pando goes to (and escapes from) a Donald Trump rally*. Pando.com. Abgerufen am 25.5.2024 von <https://web.archive.org/web/20210731061023/https://pando.com/2016/09/20/tinfoil-hats-and-nazi-clowns-pando-escapes-donald-trump-rally/>.

Wangersky, P. J. (1978). Lotka-Volterra population models. *Annual Review of Ecology and Systematics, 9*(1), 189–218.

Hawking, S. & Mlodinow, L. (2010). *The grand design*. Bantam Books.

Einstein, A. (1918). *Über die spezielle und die allgemeine Relativitätstheorie:(gemeinverständlich)* (No. 38). Vieweg (iv).

Petersen, A. (1963). The philosophy of Niels Bohr. *Bulletin of the Atomic Scientists, 19*(7), 8–14.

Problem 13. Der kleine Lastwagen, oder:
Wir verstehen einander nicht

Epley, N., Morewedge, C. K. & Keysar, B. (2004). Perspective taking in children and adults: Equivalent egocentrism but differential correction. *Journal of Experimental Social Psychology, 40*(6), 760–768.

Keysar, B. (2007). Communication and miscommunication: The role of egocentric processes. *Intercultural Pragmatics 4*(1), 71–84.

Metzing, C. & Brennan, S. E. (2003). When conceptual pacts are broken: Partner-specific effects on the comprehension of referring expressions. *Journal of Memory and Language, 49*(2), 201–213.

Problem 14. Von Mäusen und Menschen, oder:
Wir wissen nicht, wie man Studien liest

Yazbek, S., Smayra, T., Mallak, I., Hage, S., Sleilaty, G., Atat, C. … & Moussa, R. (2020). Functional MRI study of language organization in left-handed and right-handed trilingual subjects. *Scientific Reports, 10*(1), 13165.

Borghoff, S. J., Cohen, S. S., Jiang, X., Lea, I. A., Klaren, W. D., Chappell, G. A. … & Wikoff, D. S. (2023). Updated systematic assessment of human, animal and mechanistic evidence demonstrates lack of human carcinogenicity with consumption of aspartame. *Food and Chemical Toxicology, 172*, 113549.

Hackam, D. G. & Redelmeier, D. A. (2006). Translation of research evidence from animals to humans. *JAMA, 296*(14), 1727–1732.

Kolata, G. (1998, May 3). *A cautious awe greets drugs that eradicate tumors in mice.* The New York Times.

Ale Ebrahim, N., Ebrahimian, H., Mousavi, M. & Tahriri, F. (2015). Does a long reference list guarantee more citations? Analysis of Malaysian highly cited and review papers. *The International Journal of Management Science and Business, 1*(3), 6–15.

Problem 15. Pokémon mit Covid, oder:

Wir fallen auf Fake-Studien rein

Fazackerley, A. (7. Mai 2023). *›Too greedy‹: mass walkout at global science journal over ›unethical‹ fees.* The Guardian. Abgerufen am 25.5.2024 von <https://www.theguardian.com/science/2023/may/07/too-greedy-mass-walkout-at-global-science-journal-over-unethical-fees>.

Normile, D. (28. April 2021). *Big-name scientists surprised to find themselves on journal board.* Science Insider. Abgerufen am 25.5.2024 von <https://www.science.org/content/article/big-name-scientists-surprised-find-themselves-journal-board>.

Brainard, J. (24. November 2020). For €9500, Nature journals will now make your paper free to read. Science Insider. Abgerufen am 25.5.2024 von <https://www.science.org/content/article/9500-nature-journals-will-now-make-your-paper-free-read>.

Butler, D. (2013). Investigating journals: The dark side of publishing. *Nature News, 495* (7442).

Chen, X. (2019). Beall's list and Cabell's blacklist: A comparison of two lists of predatory OA journals. *Serials Review, 45*(4), 219–226.

Dony, C., Raskinet, M., Renaville, F., Simon, S. & Thirion, P. (2020). How reliable and useful is Cabell's Blacklist? A data-driven analysis. *arXiv preprint arXiv:2009.05392.*

Kendall, G. (2021). Beall's legacy in the battle against predatory publishers. *Learned Publishing, 34*(3), 379–388.

Severin, A. & Low, N. (2019). Readers beware! Predatory journals are infiltrating citation databases. *International Journal of Public Health, 64*, 1123–1124.

Elm, U., Joy, N., House, G. & Schlomi, M. (2020). Cyllage City COVID-19 outbreak linked to zubat consumption. *American Journal of Biomedical Science and Research, 8*(2), 140–42.

Bainard, J. (7. Januar 2020). Articles in ›predatory‹ journals receive few or no citations. Science Insider. Abgerufen am 25.5.2024 von <https://www.science.org/content/article/articles-predatory-journals-receive-few-or-no-citations>.

Al-Moghrabi, D., Albishri, R. S., Alshehri, R. D., Arqub, S. A., Alkadhimi, A. & Fleming, P. S. (2023). An analysis of dental articles in predatory journals and associated online engagement. *Journal of Dentistry, 129*, 104385.

Chubb, J., Cowling, P. & Reed, D. (2022). Speeding up to keep up: exploring the use of AI in the research process. *AI & Society, 37*(4), 1439–1457.

Gordin, S., Gutherz, G., Elazary, A., Romach, A., Jiménez, E., Berant, J. & Cohen, Y. (2020). Reading Akkadian cuneiform using natural language processing. *PloS One, 15*(10), e0240511.

Teixeira da Silva, J.A. & Kendall, G. (2023). (Mis-) classification of 17,721 journals by an artificial intelligence predatory journal detector. *Publishing Research Quarterly, 39*(3), 263–279.

Stokel-Walker, C. (2023). ChatGPT listed as author on research papers: many scientists disapprove. *Nature, 613*(7945), 620–621.

Nature Editorials (2023). Tools such as ChatGPT threaten transparent science; here are our ground rules for their use. *Nature, 613*(7945), 612.

Nature Editorials (2023). Why Nature will not allow the use of generative AI in images and videos. *Nature, 618*, 214.

Guo, X., Dong, L. & Hao, D. (2024). RETRACTED: cellular functions of spermatogonial stem cells in relation to JAK/STAT signaling pathway. *Frontiers in Cell and Developmental Biology, 11*, 1339390.

Pearson, J. (15. Februar 2024). Scientific journal publishes AI-generated rat with gigantic penis in worrying incident. VICE.com. Abgerufen am 18.6.2024 von <https://www.vice.com/en/article/dy3jbz/scientific-journal-frontiers-publishes-ai-generated-rat-with-gigantic-penis-in-worrying-incident>.

Problem 16. Die Vertrauenspyramide, oder:
Wir halten alle für gleich glaubwürdig

Schoenfeld, J.D. & Ioannidis, J.P. (2013). Is everything we eat associated with cancer? A systematic cookbook review. *The American Journal of Clinical Nutrition, 97*(1), 127–134.

Ioannidis, J.P.A. (17. März 2020). A fiasco in the making? As the coronavirus pandemic takes hold, we are making decisions without reliable data. StatNews.com. Abgerufen am 25.5.2024 von <https://www.statnews.com/2020/03/17/a-fiasco-in-the-making-as-the-coronavirus-pandemic-takes-hold-we-are-making-decisions-without-reliable-data/>.

Sridhar, D. (24. März 2022). Why can't some scientists just admit they were wrong about Covid?. The Guardian. Abgerufen am 25.5.2024 von <https://www.theguardian.com/commentisfree/2022/mar/24/scientists-wrong-covid-virus-experts>.

Dank

Auch dieses Buch wäre niemals möglich gewesen ohne das Vertrauen, das mir Mai Thi Nguyen-Kim entgegengebracht hat, als sie mir die Möglichkeit gab, Teil ihres Teams zu werden. Auch jetzt, mehr als vier Jahre später, freue ich mich immer noch jeden Tag über dieses neue Abenteuer.

Besonderer Dank geht an Thomas und auch an alle bei Droemer Knaur, die mir das Vertrauen für ein zweites Buchprojekt entgegengebracht haben. Ich könnte mir weder einen besseren Agenten noch einen besseren Verlag für meine wirren Ideen vorstellen.

Ich war sehr erleichtert, auch dieses Mal Jan fürs Lektorat gewinnen zu können. Durch ihn wurde dieser Text an vielen Stellen sehr viel klarer und interessanter.

Ohne meine Familie wäre ich nichts, und sie musste mir für dieses Projekt sogar noch mehr den Rücken freihalten als letztes Mal schon. Ich habe inzwischen die auf Fakten basierende Meinung gebildet, dass man ein Buchprojekt nicht unbedingt in die Zeit eines Umzugs legen sollte. Vielen Dank für eure Geduld und auch für alles andere.

Zuletzt möchte ich mich bei allen bedanken, die mir positive Rückmeldungen auf das erste Buch gegeben haben. Ich habe darüber unzählige freundliche Nerds kennengelernt (und solche, die es werden wollen), und ihr alle habt mein Leben sehr bereichert. Daher danke für jede DM, jede Nachricht, jedes spontane Ansprechen, und bitte bleibt alle genauso nerdig, wie ihr seid.